高等职业教育优质校建设轨道交通通信信号技术专业群系列教材

通 信 原 理

主编　黄根岭
主审　卜爱琴

西南交通大学出版社
·成　都·

内容简介

本书以通信系统为研究对象，从信号传输的角度介绍了模拟通信系统和数字通信系统的基本模型、原理、分析方法，以及传输过程中涉及的若干关键技术。

全书共 10 章，包括绪论、信号分析基础、信道与噪声、模拟调制系统、模拟信号数字化技术、数字基带传输系统、数字频带传输系统、复用与多址技术、同步原理、差错控制编码等。

本书内容简洁，概念表述通俗易懂，理论分析由浅入深，重在讲清原理和分析方法，突出物理概念的理解和掌握，尽量减少冗长的数学推导，可读性好。本书可用于高等职业院校通信类、电子信息类，以及铁道运输类和城市轨道交通类等专业的通信原理课程教学，也可作为从事通信领域工作的工程技术人员和科研人员的参考书。

图书在版编目（CIP）数据

通信原理 / 黄根岭主编. —成都：西南交通大学
出版社，2020.3
高等职业教育优质校建设轨道交通通信信号技术专业
群系列教材
ISBN 978-7-5643-7393-9

Ⅰ.①通… Ⅱ.①黄… Ⅲ.①通信原理 – 高等职业教
育 – 教材 Ⅳ.①TN911

中国版本图书馆 CIP 数据核字（2020）第 043526 号

高等职业教育优质校建设轨道交通通信信号技术专业群系列教材

Tongxin Yuanli

通信原理

主　编／黄根岭　　　　　　　责任编辑／梁志敏

　　　　　　　　　　　　　　封面设计／吴　兵

西南交通大学出版社出版发行

（四川省成都市二环路北一段 111 号西南交通大学创新大厦 21 楼　610031）

发行部电话：028-87600564　028-87600533

网址：http://www.xnjdcbs.com

印刷：四川森林印务有限责任公司

成品尺寸　185 mm×260 mm

印张　14.75　字数　365 千

版次　2020 年 3 月第 1 版　　印次　2020 年 3 月第 1 次

书号　ISBN 978-7-5643-7397-9

定价　42.00 元

课件咨询电话：028-81435775

图书如有印装质量问题　本社负责退换

版权所有　盗版必究　举报电话：028-87600562

前　言

通信是人类社会传递信息、交流思想、传播文化知识、促进科技发展和人类文明的重要手段。当科技发展的列车驶入 21 世纪 20 年代，以云计算、物联网、大数据、人工智能、移动互联网为代表的新一代信息通信技术正深刻改变着传统产业形态和人们的生活方式，而这些新兴技术的基础是互联网，互联网的基石是通信技术。

总体上看，通信技术主要涉及传输、复用、交换和网络等内容。通信原理课程主要讲述以调制、编码为主要特征的物理层的信息传输原理，属于专业基础课程，起着承上启下的作用。打个比方，如果把通信专业比作一棵大树的话，那么我们前期学习的先修课程，如电路类课程（电工电子技术）、信号类课程（信号与系统、数字信号处理）和随机分析类课程（概率论、随机信号分析），就是这棵大树发达的根系。后续课程，如数据通信、交换技术、光纤通信、微波通信、卫星通信和移动通信（GSM、CDMA、3G/4G/5G）等，就是这棵大树结出的累累硕果。而通信原理就是这棵大树的主干，吸收根系的营养、支撑枝干的生长。学完本课程，应掌握运用先修课程的理论解决通信问题的方法和思路，建立起有关通信的一系列基本概念和数学模型，为后续课程的学习打下坚实的理论基础。

针对通信原理课程理论性和实践性强、物理概念和数学表述多、理论抽象以及与先修课程联系紧密的特点，本书以"必须、够用"为原则，以"明概念、熟模型、会分析、能应用"为主线，弱化数学推导，注重物理概念的理解和直观的图形分析，充分利用 MATLAB 的可视化仿真功能，对各种不同的通信系统进行仿真，实现概念、原理和信号可视化。可视化仿真不仅节省了构建实际通信系统的资金和周期，而且在系统参数调整、运行结果显示和存储等方面比传统的实验箱教学有很大优势。实践证明：每个仿真模型建立的过程，从构思、构建到调试通过，直到最后得到结果，都是一次对先修课程的复习、巩固、完善和提高。同时，枯燥的数学公式在这里变成了鲜活的图片，变抽象为具象，这种新鲜感促使实践者进一步去学习和探究，其创造性、想象力也可以在仿真平台上得到发挥与施展。关于学习方法，建议读者在学习时不仅要注意数学分析方法的应用，更要注意数学分析所得结论的物理概念、物理意义。同时要善于运用系统的观点、模型的观点、工程的观点、辩证的观点来思考问题、分析问题、解决问题。最后就是每学完一个模块都要全面回顾梳理、理清知识的脉络。

本书由郑州铁路职业技术学院黄根岭担任主编并编写第 1 章~第 7 章，广州铁路职业技术学院谢娟担任副主编并编写第 8 章~第 10 章，郑州铁路职业技术学院朱彦龙编写了 MATLAB 仿真实验部分，天津铁道职业技术学院卜爱琴担任主审。

鉴于编者学识水平有限，书中疏漏和不妥之处在所难免，敬请同行和读者批评指正。

编　者

2020 年 1 月于郑州

目　录

注：如先修课已学过《信号与系统》，第 2 章可以不讲；如先修课已学过《高频电子线路》，第 4 章可以少讲或不讲。

第1章 绪 论

【本章导读】

- 通信系统的模型
- 通信系统的分类
- 通信方式
- 通信系统的性能指标

1.1 通信的基本概念

什么是通信？简单地说，通信（communication）就是互通信息。具体地说，通信就是利用电信号（signal）传递消息（message）中的信息（information），信息、消息、信号之间关系密切。

自然界中，信息无处不在，万事万物都在传递着各种各样的信息。但是，信息又是无形的、抽象的，它必须依附于某种物理形式才能表现出来，如语音、图像、温度、文字、数据、符号等形式。可见，消息就是信息的外在物理表现形式，是系统传输的对象，具有多种形式。信息蕴含在消息中，是消息的内涵，或者说是消息中包含的不确定性，这里的"不确定性"是指消息中包含受信者事先未知的内容。例如，孩子出生前，是男是女的概率各占一半，出生后医生首次告诉父母是个男孩，则这条消息中包含有信息，如果护士再次告诉父母是个男孩，则这条消息就不含有信息了。同一个信息可用不同形式的消息来表达，如天气预报可用语音消息、也可以用文字消息来表达。消息的传输必须要有合适的物理载体，我们把传递消息的物理载体称之为信号。信号有多种形式，例如，面对面交流可以采用声音这个载体来传递消息，古代的烽火台是通过光（狼烟）这个载体来传递消息，而现代通信往往以电的形式来传递消息（如电报、电话、短信、E-mail 等）。因此，信号是消息的物理载体，是消息的电表现形式。根据搭载消息的信号参量的取值连续或离散，信号分为模拟信号和数字信号。"连续"的含义是无穷多、不可数，"离散"的含义是有限种、可数的。因此，我们可以用图 1-1-1 来描述信息、消息和信号三者之间的关系。

在现实的物理世界中，信号的种类千差万别，

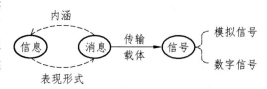

图 1-1-1 信息、消息和信号三者之间的关系

-1-

如语音信号、图像信号、温度信号等。但从数学的观点看，信号均可表示为一个或多个自变量的函数（function）。例如，语音信号是单变量函数，这个自变量为时间；图像信号是具有两个自变量的函数，这两个自变量就是图像中某一点的坐标。可见，函数就是信号的数学模型。因此，在讨论信号的有关问题时，"信号"与"函数"两个词、"$s(t)$"与"$f(t)$"两个符号通用。

在现实的物理世界中，信号通常都是一个时间的历程，随时间变化而变化，若从数学观点看，信号就是一个时间的函数（function）或者说函数是信号的数学模型。因此，在讨论信号的有关问题时，"信号"与"函数"两个词、"$s(t)$"与"$f(t)$"两个符号通用。

1.2 通信系统的组成和分类

1.2.1 通信系统的一般模型

通信的功能是由通信系统来实现的。通信系统是指完成信息传递的传输媒介和全部设备。以最简单的点对点通信为例，通信系统的一般模型如图 1-2-1 所示。

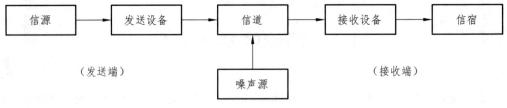

图 1-2-1 通信系统的一般模型

下面简要概述各组成部分的功能。

1．信　源

信源的功能是将各种不同形式的消息转换成原始电信号。根据消息种类的不同，信源可分为模拟信源和数字信源，模拟信源输出连续的模拟信号，如话筒、电视机和摄像机等；离散信源输出离散的数字信号，如电传机、计算机等各种数字终端。

2．发送设备

发送设备的功能是将信源产生的信号变换成适合在信道上传输的信号。发送设备可能是调制电路、编码电路或滤波电路等。

3．信道和噪声源

信道是传输信号的物理媒介。信道有多种形式，通常分为有线信道和无线信道，在有线信道中，信道可以是架空明线、双绞线、电缆或光缆，在无线信道中，信道可以是大气（自由空间）。

我们将信道中存在的不需要的干扰电信号统称为噪声（noise）。噪声在通信系统中客观存在且处处存在。噪声的来源是多方面，为分析方便起见，在通信系统模型中，将各种噪声集中由一个噪声源来表示。关于信道与噪声的详细内容将在第 3 章中讨论。

4．接收设备

接收设备的功能是完成发送设备的反变换。接收设备可能是解调电路、译码电路或滤波电路等。

5．信 宿

信宿的功能与信源相反，即将原始电信号恢复为相应的消息，如扬声器。

图 1-2-1 所示的通信系统模型高度概括了各种通信系统传递信息的全过程，反映了通信系统的共性，本书的讨论也是围绕通信系统的模型展开的。

1.2.2 通信系统的分类

1．按传输信号分类

根据判断信号的因变量的取值是连续还是离散，信号可分为模拟信号和数字信号。信道中传输模拟信号的系统称为模拟通信系统，信道中传输数字信号的系统称为数字通信系统。其模型分别如图 1-2-2 和图 1-2-3 所示。

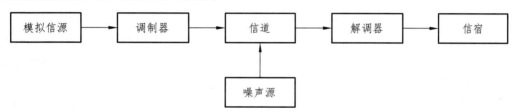

图 1-2-2 模拟通信系统模型

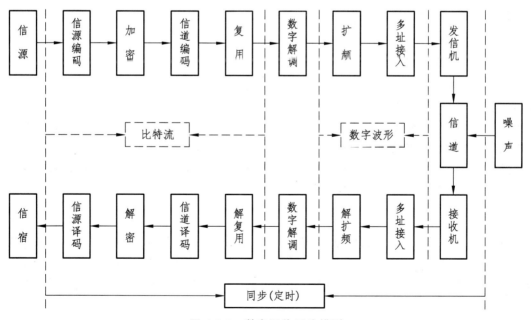

图 1-2-3 数字通信系统模型

比较图 1-2-1 和图 1-2-2 不难发现，模拟通信系统是在通信系统一般模型的基础上略加改变而成的，这里，发送设备是调制器，接收设备是解调器。在该系统中存在两种重要变换，第一种变换是在发送端的信源和接收端的信宿进行的，信源将非电量的连续消息变换成电信号（也称基带信号），信宿完成相反的变换。由于基带信号具有很低的频率分量，一般不宜直接进行传输，因而还要进行第二种变换，即把基带信号变换成适合在信道上传输的信号，并在接收端进行反变换，完成这种变换和反变换的设备通常是调制器和解调器。我们把待传输的基带信号称为调制信号，把经过调制的信号称为已调信号（也称频带信号或带通信号）。已调信号具有三个特征：一是携带基带信息；二是适合在信道上传输；三是信号的频谱具有带通形式且中心频率远离零频，即调制是实现频谱搬移的过程。

应该指出，除上述两种主要变换外，模拟通信系统中可能还有滤波、放大、天线辐射等信号处理过程。调制和解调两种变换在通信系统中起主要作用，而其他处理只是对信号进行波形或性能上的改善，不会使信号发生质的变化。

图 1-2-3 所示为一个较完善的数字通信系统模型。从图中可以看出，数字通信系统与模拟通信系统的主要区别是多了信源编码（译码）、加密（解密）、信道编码（译码）、复用（解复用）、数字调制（解调）、扩频（解扩频）和多址接入等模块。这里主要介绍一下信源编码（译码）和信道编码（译码）模块的功能。信源编码的功能主要有两个：一是将信源输出的模拟信号转换成数字信号，以实现模拟信号的数字化传输；另一个是通过相关措施降低码元速率（即减少编码位数），提高系统传输的有效性。信源译码是信源编码的逆过程。信道编码的主要功能是将信源编码输出的数字信号变换成适合信道传输的码型，以提高通信系统传输的可靠性。信道译码是信道编码的逆过程。

需要说明的是，实际的数字通信系统不一定包括图 1-2-3 的所有环节，比如数字基带传输系统中发送端就没有调制模块，而是有基带信号形成器，接收端也没有解调模块，而是有接收滤波器。还有些模块分散在系统各处，如同步（定时）系统。

数字通信系统与模拟通信系统相比，有很多优点，如抗干扰能力强，信号便于处理、变换、存储、加密等；缺点是需要较大的传输带宽和严格的收发同步。

2．按传输媒介分类

按照传输媒介的不同，通信系统分为有线通信和无线通信。利用无线电波、红外线、超声波、激光等进行通信的系统称为无线通信系统，如广播系统、电视系统、移动电话系统等；利用导线（包括架空明线、同轴电缆、光缆或波导等）作为媒介的系统称为有线通信系统，如市话系统、有线电视系统等。

随着通信技术、计算机技术和网络技术的发展，单纯的有线或无线通信已越来越少，常常是"有线"中有"无线"，"无线"中有"有线"。

3．按调制方式分类

按照信道中传输的信号是否经过调制，可将通信系统分为基带传输系统和频带（又叫调制或带通）传输系统。基带传输系统是将未经调制的信号直接进行传输，具体内容将在第 6 章中讨论；频带传输系统是将基带信号调制后送入信道进行传输，具体内容将在第 7 章中讨论。

4．按通信业务分类

按照通信业务类型的不同，可将通信系统分为电报通信系统、电话通信系统、数据通信系统和图像通信系统等。

需要说明的是，数字通信与数据通信习惯上的区分方法是：将模拟信号经数字化处理后，用数字信号的形式来传送的通信方式，称为数字通信；把信源本身发出的数字形式的消息（如计算机或其他数字终端作为信源发出的数据、指令等），不管用何种形式的信号来传输这类消息的通信方式，均称为数据通信。

5．按工作波段分类

按照通信设备的工作频率（或波长）不同，分为长波通信、中波通信、短波通信和微波通信等。表1-2-1列出了无线电波的划分及其对应的应用领域。

表1-2-1 通信用无线电波段划分表

波 段	波长范围	频率范围	频 段	主要用途
超长波	10～100 km	3～30 kHz	甚低频（VLF）	高功率、长距离、点对点通信，如声呐、水下通信等
长 波	1～10 km	30～300 kHz	低频（LF）	长距离点对点通信，如导航、越洋通信等
中 波	100～1 000 m	300～3 000 kHz	中频（MF）	广播、遇险求救通信，港口船舶调度通信等
短 波	10～100 m	3～30 MHz	高频（HF）	中远距离的各种广播与通信，如电离层反射通信等
米 波	1～10 m	30～300 MHz	甚高频（VHF）	短距离通信、雷达、电视、交通管制及散射通信等
分米波	10～100 cm	300～3 000 MHz	特高频（UHF）	卫星通信、微波接力通信、雷达、导航、全球定位等
厘米波	1～10 cm	3～30 GHz	超高频（SHF）	短距离通信、波导通信、微波接力、雷达、空间通信等
毫米波	1～10 mm	30～300 GHz	极高频（EHF）	遥感遥测、光通信等
亚毫米波	<1 mm	>300 GHz		

6．按复用方式分类

传输多路信号有三种基本复用方式：频分复用、时分复用和码分复用。频分复用是用调制（频谱搬移）的方法使不同信号占用不同的频段，如图1-2-4（a）所示；时分复用是用抽样（脉冲调制）的方法使不同信号占用不同的时隙，如图1-2-4（b）所示；码分复用是用止交的脉冲序列分别携带不同信号，如图1-2-4（c）所示。

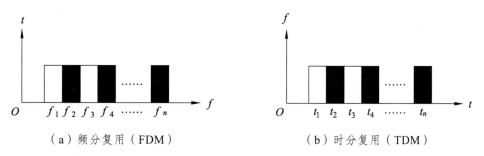

（a）频分复用（FDM）　　　　　（b）时分复用（TDM）

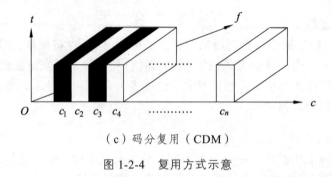

（c）码分复用（CDM）

图 1-2-4 复用方式示意

另外，通信还有其他一些分类方法，如按用户类型可分为公用通信和专用通信。

1.3 通信方式

通信方式是指通信双方之间的工作方式或信号传输方式。

1.3.1 串行通信和并行通信

在数字通信中，常用时间间隔相同的符号（波形）来表示数字信号，这样的时间间隔内的符号（波形）称为码元，对应的时间间隔称为码元周期（码元长度，用符号 T_s 表示），它是承载信息的基本信号单位。在二进制数字通信系统中，码元有两种离散状态，多进制（M）数字通信系统中，码元的离散状态有 M 种。

按照数字信号码元排列方式的不同，可分为串行通信和并行通信。

串行通信是将数字信号码元序列以串行方式一个码元接一个码元地在一条信道上传输，如图 1-3-1（a）所示，远距离数字通信通常采用串行通信方式。

并行通信是将数字信号码元序列以成组的方式在两条或两条以上的并行信道上同时传输，如图 1-3-1（b）所示，近距离数字通信通常采用并行通信方式。

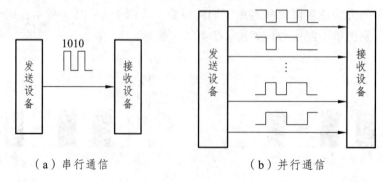

（a）串行通信   （b）并行通信

图 1-3-1 串行通信和并行通信

1.3.2 同步通信和异步通信

在数字通信中，发送端和接收端必须做到严格同步，按照信息传输过程中收、发两端采取的不同同步原理，可将信号的通信方式分为异步通信和同步通信两类。

1. 异步通信

异步通信一般是以字符为单位来传输信息的，而且每次只传送一个字符，按照空闲位、起始位、数据位、奇偶校验位、停止位的规则进行传输。由于异步通信中每一个字符的发送都是随机和独立的，并以不均匀的速率发送，所以这种通信方式称为异步通信。

具体传输过程：字符的传输由起始位（如逻辑电平 0）引导，表示字符的开始，其宽度为一个码元的时间，被传输字符的后面通常附加一个校验位（或不用），校验位后面为停止位（如逻辑电平1），通常为 1、1.5 或 2 个码元宽度（可根据需要选择）。在下一个字符的起始位收到之前，线路一直处于逻辑 1 状态。接收端可根据从 1 到 0 的跳变来识别一个新字符的开始，如图 1-3-2 所示。

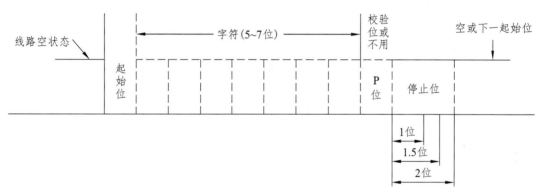

图 1-3-2 异步通信帧结构

异步传输的优点是简单、可靠，适用于面向字符的、低速的异步通信场合。例如，计算机与 Modem（调制解调器）之间的通信就是采用这种方式。其缺点是通信开销大，每传输一个字符都要额外附加 2 ~ 3 位，通信效率比较低。例如，在使用 Modem 上网时，普遍感觉速度很慢，除了传输速率低之外，与通信开销大、通信效率低也密切相关。

2. 同步通信

同步通信不是以一个字符为单位而是以一个数据块为单位进行信息传输的。每个数据块的头部和尾部都要附加一个特殊的同步字符或比特序列(头部的称为前文,尾部的称为后文)，这种加有前文和后文的一个数据块称为数据帧（或称组，或称包）。

前文（preamble）类似于异类通信中的起始位，用于通知接收方一个帧已经到达，但它同时还能确保接收方的采样速度和比特的到达速度保持一致，使收发双方进入同步；后文（postamble）类似于异类通信中的停止位，用于表示在下一帧开始之前没有别的即将到达的数据了。

图 1-3-3 所示为面向字符型和面向比特型的帧结构。面向字符型的方案中，每个数据块以一个或多个同步字符（syn）作为开始，后文是一个确定的控制字符；面向比特型的方案中，

前文和后文则采用标志字段"01111110"区分一帧的开始和结束。

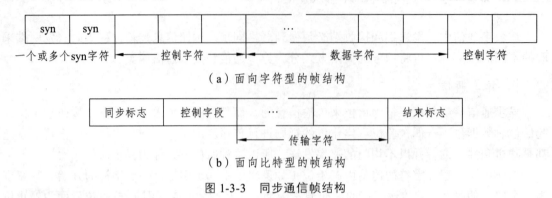

（a）面向字符型的帧结构

（b）面向比特型的帧结构

图 1-3-3　同步通信帧结构

同步传输通常要比异步传输快速得多，且通信开销较少。

1.3.3　点对点通信和网通信

按照通信设备与传输线路之间的连接类型，可分为点对点通信（专线通信，如图 1-3-4 所示）、点到多点和多点之间通信（网通信，如图 1-3-5 所示）。

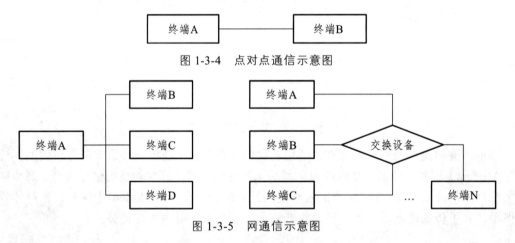

图 1-3-4　点对点通信示意图

图 1-3-5　网通信示意图

由于通信网的基础是点对点通信，所以本书重点讨论点对点通信。

1.3.4　单工、半双工和全双工

对于点对点通信，按照信息传递的方向和时间，通信方式分为单工通信、半双工通信和全双工通信三种。

单工通信是指信息只能单方向传输的工作方式，如图 1-3-6（a）所示。广播、遥控、无线寻呼等就是单工通信方式。这里，信号（消息）只能从广播发射台、遥控器和无线寻呼中心分别发送到收音机、遥控对象和 BP 机（寻呼机）上。

半双工通信是指通信双方都能收发信息，但不能同时进行收和发的工作方式，如图 1-3-6（b）所示。对讲机、收发报机等就是半双工通信方式。

全双工通信是指通信双方可同时进行收发信息的工作方式，如图 1-3-6（c）所示。固定电话、手机等就是全双工通信方式。

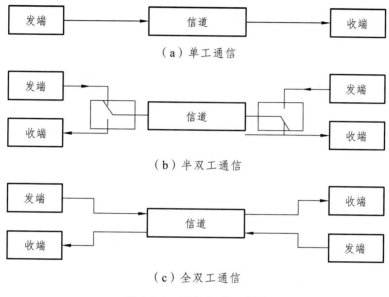

（a）单工通信

（b）半双工通信

（c）全双工通信

图 1-3-6　通信方式示意图

1.4　通信系统的主要性能指标

衡量一个通信系统性能优劣的基本因素是有效性和可靠性。有效性是指传输一定量信息时所占用的信道资源（频带宽度和时间间隔），或者说是传输"速度"的问题；可靠性是指信道传输信息的准确程度，或者说是传输"质量"的问题。这两个因素相互矛盾而又相互统一，并且还可以相互转换。

1.4.1　模拟通信系统的性能指标

模拟通信系统的有效性用信号在传输中所占用的传输带宽来表示，传输带宽越窄，有效性越好，反之越差；可靠性用接收端最终输出的信噪比来度量，输出信噪比越高，可靠性越好，反之越差。

信噪比是输出端信号的平均功率与噪声平均功率比值的简称，用 SNR（Signal to Noise Ratio）或 S/N 表示，它的单位一般使用分贝（dB），其值为 10 倍对数信噪比，即 SNR（dB）=10 lg(S/N)。

1.4.2 数字通信系统的性能指标

数字通信系统的有效性可用码元传输速率、信息传输速率和频带利用率来衡量。

1．码元传输速率 R_B

码元传输速率是指单位时间内传送码元的数目，又称为码元速率、波特率或传码率，用符号 R_B 来表示，单位为"波特"，常用符号"Baud"表示，简写为"B"。

$$R_B = \frac{1}{T_s}$$

需要注意的是，码元速率仅表示每秒钟传输的码元数，只与码元周期有关，而与何种进制的码元无关，码元的进制数取决于发送码元的通信系统。

2．信息传输速率 R_b

信息传输速率又称为比特率或传信率。是指每秒钟传送二进制的位数，单位为比特/秒，简记为 b/s。

在二进制通信系统中，每个码元携带 1 比特的信息量，因此信息速率等于码元速率，但两者的单位不同。

在多（M）进制通信系统中，由于每个码元携带 $\log_2 M$ 比特的信息量，因此信息速率与码元速率的关系式为

$$R_b = R_B \log_2 M$$

3．频带利用率 η

在比较不同的数字通信系统有效性时，单看它们的信息速率或码元速率是不够的，还应考虑传输信息所占用的频带宽度，即频带利用率。它定义为单位频带（1 Hz）内的传输速率，即

$$\eta_B = \frac{R_B}{B} \quad (\text{Baud/Hz})$$

$$\eta_b = \frac{R_b}{B} \quad (\text{b} \cdot \text{s}^{-1} \cdot \text{Hz}^{-1})$$

数字通信系统的可靠性常用误码率 P_e 和误比特率 P_b 来衡量。

1．误码率

误码率是指接收的错误码元数与传输的总码元数的比值，即

$$P_e = \frac{\text{错误码元数}}{\text{总的传输码元数}}$$

2．误比特率

误比特率是指接收的错误比特数与传输的总比特数的比值，即

$$P_b = \frac{\text{错误比特数}}{\text{总的传输比特数}}$$

在二进制数字通信系统中，$P_e = P_b$。

1.5 通信技术发展简史

表 1-5-1 总结了通信技术发展的历史。

表 1-5-1 通信技术发展简史

时间	事 件	代表人或物	
1807 年	提出"任一函数都可以展成三角函数的无穷级数"的论断，即傅里叶级数，后扩展为傅里叶变换，在信号处理、概率论、统计学、密码学、声学、光学等领域有着广泛的应用		傅里叶
1820 年	法国物理学家安培提出著名的安培定则即右手螺旋定则，阐述了磁场方向与电流方向之间的关系。被麦克斯韦誉为"电学中的牛顿"。为了纪念他在电磁学上的杰出贡献，电流的单位"安培"以他的姓氏命名		安培
1831 年	英国物理学家、化学家法拉第首次发现电磁感应现象，并得到产生交流电的方法，发明了发电机和电动机。提出电磁感应定律，解释了电与磁之间的关系。被称为"电学之父"和"交流电之父"。为了缅怀他在电学上无与伦比的贡献，电容以法拉作为单位		法拉第
1837 年	美国发明家莫尔斯成功研制出世界上第一台有线电报机。1844 年，莫尔斯坐在华盛顿国会大厦联邦最高法院会议厅中，向 64.4 km 以外的巴尔的摩城发出了人类历史上的第一份电报："上帝创造了何等奇迹！"		莫尔斯

时间	事件	代表人或物	
1873 年	英国物理学家麦克斯韦证实了变化的电场产生磁场，预言了电磁波的存在，完成巨著《电磁学通论》，建立了一套电磁理论，将电学、磁学、光学统一起来，说明了电磁波与光具有相同的性质，两者都是以光速进行传播。科学史上，称牛顿把天上和地上的运动规律统一起来，实现了第一次大综合，麦克斯韦把电、光统一起来，实现了第二次大综合		麦克斯韦
1876 年	美国发明家贝尔取得世界上第一部可用电话的专利，1878 年在相距 300 千米的波士顿和纽约之间进行了首次长途电话实验，并获得了成功，这是模拟通信的开始。声音的强度单位分贝（用 dB 表示）以贝尔的名字命名		贝尔
1888 年	德国物理学家赫兹用实验证实了电磁波的存在，证明了麦克斯韦的电磁学理论，揭示了光的本质是电磁波。频率的国际单位制单位以他的名字命名		赫兹
1895 年	意大利人马可尼成功研制了无线电接收机。1901 年，马可尼发射无线电波横跨大西洋，从而开辟了无线电技术的新领域，被称作"无线电之父"		马可尼
1904 年	英国物理学家弗莱明发明了真空二极管		弗莱明

时间	事 件	代表人或物	
1906 年	美国科学家德富雷斯特发明了真空三极管		德富雷斯特
1928 年	美国物理学家奈奎斯特提出著名的抽样定理，并相继提出消除符号（码元）间干扰的三个准则，为近代信息理论做出了突出贡献		奈奎斯特
1947 年	晶体管问世，由美国贝尔实验室的肖克利、巴丁和布拉顿组成的研究小组研制		晶体管
1948 年	美国数学家、信息论的创始人香农发表论文《通信的数学理论》，奠定了信息论的理论基础，提出香农公式		香农
1966 年	华裔科学家高锟发表了一篇题为《光频率介质纤维表面波导》的论文，开创性地提出以光代替电流，以玻璃纤维代替导线传输信息，被誉为"光纤之父"		高锟

生活中，汽车在公路上行驶时必须遵守相关的交通规则，这些规则是由交通管理部门制定的。类似的，信号在信道上传输时也必须遵守相关的标准和协议，这些标准和协议是由相关的协会和机构制定的，通信领域比较重要的国际组织有以下几个。

1．ISO

国际标准化组织（International Organization for Standardization，ISO）成立于 1947 年 2 月 23 日，总部设在瑞士日内瓦，是世界上国际标准最大的推动者。

2．ITU

国际电信联盟（International Telecommunication Union，ITU）是联合国的一个专门机构，总部设在瑞士日内瓦。负责分配和管理全球无线电频谱与卫星轨道资源，制定全球电信标准，向发展中国家提供电信援助，促进全球电信发展。ITU 由电信标准化部门（ITU-T）、无线通信部门（ITU-R）和电信发展部门（ITU-D）组成。其中 ITU-T 是由原来的 CCITT 和从事标准化工作的部门 CCIR 合并而成。

3．IEEE

电气和电子工程师协会（Institute of Electrical and Electronics Engineers，IEEE）是一个美国的电子技术与信息科学工程师的协会，是目前世界上最大的非营利性专业技术学会。

IEEE 被 ISO 授权为可以制定标准的组织，设有专门的标准工作委员会，其中比较出名的是 IEEE 802 委员会，主要任务是制定局域网的国际标准。

随着通信技术、计算机技术和网络技术的发展，通信已经由单一的通信设备、技术、制式发展演变为一个集光纤通信、移动通信、卫星通信和微波中继通信等多种通信手段于一体、具有多种业务功能的复杂的综合通信网，满足"任何人（Whoever）在任何地方（Wherever）、任何时间（Whenever）可以同任何人（Whomever）进行任何形式 （Whatever）通信"的需求。

本章小结

（1）通信的目的是信息传递。信息是消息中有用（消除不确定性）的部分，信号是信息的载体。

（2）通信系统是指完成通信任务的传输媒介和全部设备。按照传输信号的特征，通信系统分为模拟通信系统和数字通信系统；按照传输媒介的不同，通信系统分为有线通信系统和无线通信系统；按调制方式，通信系统分为基带传输系统和频带传输系统；按复用方式，通信系统分为频分复用通信系统、时分复用通信系统和码分复用通信系统。

（3）通信方式是指通信双方之间的工作方式或信号传输方式。按照信息传递的方向和时间，通信方式分为单工通信、半双工通信和全双工通信三种；按照数字信号码元排列方式的不同，可分为串行通信和并行通信两种通信方式；按照同步方式的不同，可分为同步通信和异步通信两种通信方式。

（4）衡量一个通信系统性能优劣的基本因素是有效性和可靠性。模拟通信系统的有效性用信号在传输中所占用的传输带宽来表示，可靠性用接收端最终输出的信噪比来度量；数字通信系统的有效性可用码元传输速率、信息传输速率和频带利用率来衡量，可靠性常用误码率和误比特率来衡量。

习　题

1. 简述消息、信息和信号三者之间的区别和联系。

2. 不同形式的消息，可以包含相同的信息，这个说法对吗？请举一实例证明。

3. 什么是通信？什么是通信系统？

4. 画出通信系统的一般模型，并简述各组成部分的功能。

5. 课堂教学就是一个典型的通信系统，请说出其中的信源、信宿、消息、信息和信号。

6. 按传输信号的特征，通信系统如何分类？

7. 数字通信主要有哪些优缺点？

8. 按调制方式，通信系统如何分类？

9. 按复用方式，通信系统如何分类？

10. 按照信息传递的方向和时间，可分为哪三种通信方式？请举例说明。

11. 按数字信号码元的排列顺序可分为哪两种通信方式？

12. 衡量数字通信系统有效性和可靠性的性能指标有哪些？

13. 何谓码元速率？何谓信息速率？它们之间的关系如何？

14. 何谓误码率？何谓误比特率？

15. 已知二进制信号的信息传输速率为 4 800 b/s，若保持信息速率不变，试问变换成四进制和八进制数字信号时码元传输速率各为多少？

16. 某八进制数字传输系统传送码元的速率为 1 600 Baud，试求该系统的信息速率；若保持信息速率不变，改用二进制系统传输，二进制系统的码元传输速率是多少？

17. 某信道每秒传输 1 200 个码元，如采用二进制信号传输，其信息传输速率为多少？如采用四进制传输，其信息传输速率为多少？

18. 某二进制通信系统的信息传输速率为 2 400 b/s，用四进制码元传输和采用八进制码元传输，其码元速率各为多少？

19. 在 125 μs 内传输 256 个二进制码元，计算码元传输速率和信息传输速率。若该信息在 4 s 内有 5 个码元产生错误，则误码率为多少？

20. 某系统的码元传输速率为 3 600 kBaud，接收端在一小时内共收到 148 个错误码元，试求该系统的误码率。

第 2 章　信号分析基础

【本章导读】

- 信号的分类及常用信号的时域特性
- 信号时域分析的基本思想
- 卷积运算
- 信号频域分析的基本思想
- 傅里叶分析和常用信号的频谱
- 单位冲激响应和系统函数

2.1　信号的分类

信号的形式是多种多样的，按照不同的角度，可进行如下分类。

2.1.1　连续时间信号和离散时间信号（序列）

按照自变量 t（时间）取值的连续性与离散性，可将信号分为连续时间信号和离散时间信号（简称连续信号与离散信号）。"连续"的含义是指在某一个取值范围内可以有无穷多或任意多个取值（或者说无限可分、无法穷尽、无法一一列举），若为有限多个取值，则为离散。即如果在所讨论的时间间隔内，除若干个不连续点之外，对于任意时间值都可给出确定的函数值，此信号就称为连续信号；只在某些不连续的规定时刻给出函数值，在其他时间没有定义的信号称为离散信号。

连续信号和离散信号的判断依据是自变量时间是否连续，至于它们的幅值可以是连续的，也可以是离散的。若连续信号的幅值也连续，则称为模拟信号，若幅值离散，则称为量化信号；若离散信号的幅值连续，则称为抽样信号，若幅值也离散，则称为数字信号。表 2-1-1 所示为各信号的特点。

表 2-1-1　连续时间信号和离散时间信号示例

信号时间特点	信号幅值特点	示　例	备　注
连续时间信号	模拟信号	$x(t)$ 图	时间连续 幅值连续
	量化信号	$x(t)$ 图	时间连续 幅值离散
离散时间信号 （序列）	抽样信号	$x(n)$ 图	时间离散 幅值连续
	数字信号	$x(n)$ 图	时间离散 幅值离散

　　需要说明的是，离散信号的间隔可以是均匀的，也可以是不均匀的。一般情况都采用均匀间隔（假设为 T），此时，函数 $x(t)$ 可表示为 $x(nT)$，为了方便，通常简写为 $x(n)$，这样的离散信号也常称为序列。

　　自然界中的实际信号可能是连续的，也可能是离散的时间信号。如声音信号、连续测量的温度信号等都是连续信号，而按年度（或月份）统计的某地区降雨量、每天沪深股票指数等则为离散信号。计算机只能处理离散信号，当处理对象为连续信号时则需要经抽样（采样）将它转换为离散信号。

2.1.2　周期信号和非周期信号

　　若信号每隔一定时间 T（或整数 N），按相同规律重复出现、无始无终，则称为周期信号。如图 2-1-1 所示。

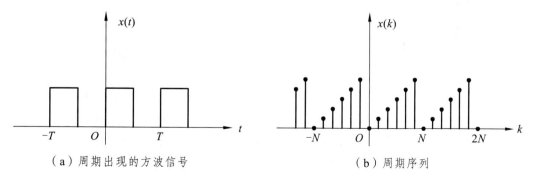

（a）周期出现的方波信号　　　　　　　（b）周期序列

图 2-1-1　周期信号示例

连续周期信号可表示为

$$f(t) = f(t + kT) \quad k = 0, \ \pm 1, \ \pm 2, \ \pm 3, \ \cdots \qquad (2\text{-}1\text{-}1)$$

离散周期信号的可表示为

$$f(n) = f(n + kN) \quad k = 0, \ \pm 1, \ \pm 2, \ \pm 3, \ \cdots \qquad (2\text{-}1\text{-}2)$$

满足上述关系式的最小 T（或 N）值称为该信号的周期。

非周期信号在时间上不具备周而复始的特性。若令周期信号的周期趋于无穷大，则为非周期信号，也就是说，非周期信号可以等效为周期无穷大的周期信号。

2.1.3　确知信号和随机信号

确知信号是指其取值在任何时间都是确定的和可预知的信号，通常可以用数学公式来描述；随机信号是指其取值具有随机性的时间信号，也就是说，在它未发生之前或未对它具体测量之前，其取值是不可预测的。在通信系统中，信道噪声就是这种类型的随机信号，这部分内容将在第 3 章中讨论。

2.1.4　能量信号和功率信号

为了了解信号的功率或能量特性，通常把信号功率定义为电流在单位电阻（1 Ω）上消耗的功率，即归一化功率。因此，信号电流 I 或电压 V 的平方都等于功率。信号功率一般用 S 表示，若信号电压和电流的值随时间变化，则 S 可以改写为时间 t 的函数 $S(t)$。此时，信号能量 E 应当是信号瞬时功率的积分：

$$E = \int_{-\infty}^{\infty} S^2(t) \mathrm{d}t \qquad (2\text{-}1\text{-}3)$$

若 E 是一个正的有限值，则称此信号为能量信号。

信号的平均功率 P 定义为

$$P = \lim_{T \to \infty} \frac{1}{T} \int_{-T/2}^{T/2} S^2(t) \mathrm{d}t \qquad (2\text{-}1\text{-}4)$$

由式（2-1-4）看出，能量信号的平均功率 P 为零，因为若信号的能量有限，在被趋于无穷大的时间 T 除后，所得平均功率趋近于零。

在实际的系统中，信号通常都具有有限的功率、有限的持续时间，属于能量信号。例如，前面提到的数字信号的一个码元，或者单个的矩形脉冲就是能量信号，这些信号的平均功率为零，因此只能从能量的角度去分析。但是，若信号的持续时间非常长，如广播信号、直流信号、周期信号、阶跃信号等，则信号的能量为无穷大，我们把这种平均功率有限、能量无限的信号称为功率信号。

2.1.5 基带信号和频带信号

从信源发出的原始电信号大都为基带信号，其特点是频率较低，信号频谱从零频附近开始，具有低通形式，可由低通滤波器取出或限定，因此又称为低通信号，如语音信号（300 ~ 3 400 Hz）、图像信号（0 ~ 6 MHz）等。

由于在近距离范围内基带信号的衰减不大，因此在传输距离较近时，常采用基带传输方式。例如，从计算机到监视器、打印机等外设的通信就是基带传输的。为了长距离传输的需要，需将基带信号变换成其频带适合在信道中传输的信号，变换后的信号就是频带信号，它限制在以载频为中心的一定带宽范围内，因此又称为带通信号。

2.2 信号的时域分析

信号分析主要讨论信号的解析表示、信号的性质、特征等内容，主要有时域（时间域）分析和频域（频率域）分析两种方法。其中时域分析是以时间 t 为自变量，用信号幅度随时间变化的函数或波形来描述信号特征的一种方法；频域分析是以频率 f 或角频率 ω 为自变量，用信号幅度和相位随频率变化的频谱图来描述信号特征的一种方法。一般来说，时域的表示较为形象与直观，频域分析则更为简练，剖析问题更为深刻和方便。

需要说明的是，时域是真实的，是唯一实际存在的域；频域是不真实的，是一个数学构造，或者说是一个遵循特定规则的数学范畴，频域也被一些学者称为上帝视角。

目前，信号分析的趋势是从时域向频域发展。然而，它们之间是互相联系、缺一不可、相辅相成的。

2.2.1 常用的典型信号

1．正弦信号

正弦信号的函数表达式为

$$f(t) = A\sin(\omega t + \varphi_0) \tag{2-2-1}$$

式（2-2-1）中，A 为信号的振幅，ω 是角频率（rad/s），φ_0 为初相位（rad），这三个参量称为正弦信号的三要素。

正弦信号是一种周期信号，其周期 T 与角频率 ω 及频率 f 之间满足以下关系：

$$\omega = 2\pi f = 2\pi / T \tag{2-2-2}$$

由于余弦信号与正弦信号只是在相位上相差 $\pi/2$，因此在电学中，将它们统称为正弦信号。

在信号分析中，常将信号分解为一系列正弦信号的移位加权和，这是因为正弦信号是比原信号更加简单的信号，而且具有原信号所不具有的特性——频率保持性，即一个正弦信号输入线性时不变系统后，输出仍是正弦信号，只有幅度和相位可能发生变化，但频率和波形仍是一样的，而且只有正弦信号才拥有这样的性质，正因为如此，信号分析中常用正弦信号表示原信号而不用方波或三角波来表示。

2. 复指数信号

复指数信号的函数表达式为

$$f(t) = Ae^{st} \tag{2-2-3}$$

式（2-2-3）中，s 为一复数，即 $s = \sigma + j\omega$。利用欧拉公式 $e^{\pm j\omega t} = \cos \omega t \pm j\sin \omega t$，式（2-2-3）可表示为

$$f(t) = Ae^{st} = Ae^{(\sigma + j\omega)t} = Ae^{\sigma t}\cos \omega t + jAe^{\sigma t}\sin \omega t \tag{2-2-4}$$

可见，一个复指数信号可分解为实部和虚部两部分，两者均为实信号，而且是频率相同、振幅随时间变化的正（余）弦振荡信号。s 的实部 σ 表征了该信号振幅随时间变化的状况，虚部 ω 表征了其振荡角频率。若 $\sigma < 0$，则是衰减振荡［见图 2-2-1（a）和（b）］；若 $\sigma > 0$，则是增幅振荡［见图 2-2-1（c）和（d）］；若 $\sigma = 0$，则是等幅振荡。当 $\omega = 0$，复指数信号就成为实指数信号 $Ae^{\sigma t}$。如果 $\sigma = \omega = 0$，则为直流信号。可见，复指数信号概括了许多常用信号。

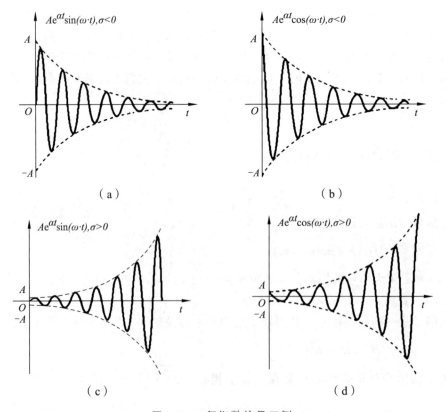

图 2-2-1 复指数信号示例

复指数信号是一个抽象的信号，实际中并不存在复指数信号（均为实信号），但借助于复指数信号，可以把直流信号、实指数信号、正弦信号以及增长或衰减的正弦信号（或称为指数包络正弦信号）统一到同一个形式，从而描述幅值、频率、相位和衰减等特征量，加之复指数信号的微积分仍然为一个复指数信号，给信号分析、计算带来了很大的方便，因此得到了广泛应用。

另外，借助欧拉公式，正弦信号和余弦信号可表示成复指数信号形式，即

$$\begin{cases} \sin \omega t = \dfrac{1}{2\mathrm{j}}(\mathrm{e}^{\mathrm{j}\omega t} - \mathrm{e}^{-\mathrm{j}\omega t}) \\ \cos \omega t = \dfrac{1}{2}(\mathrm{e}^{\mathrm{j}\omega t} + \mathrm{e}^{-\mathrm{j}\omega t}) \end{cases} \tag{2-2-5}$$

3．门信号

门信号的函数表达式为

$$f(t) = \begin{cases} 1, & |t| < \dfrac{\tau}{2} \\ 0, & |t| > \dfrac{\tau}{2} \end{cases} \tag{2-2-6}$$

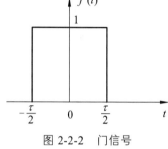

图 2-2-2 门信号

从式（2-2-6）可知，$f(t)$ 是一个高度为 1，宽度为 τ 的矩形脉冲信号，如图 2-2-2 所示。

4．奇异信号

在信号分析中，经常遇到以下两种情况：一种是某信号在空间或时间坐标上集中于一点（如物理学中的质点、面积趋于零的压强、脉宽趋于零的电脉冲），另一种情况是信号本身有不连续点（跳变点）或其导数有不连续点的情况。这时普通函数的概念就不够用了，而用单位冲激信号和单位阶跃信号就很方便。为了区分普通函数，一般将冲激信号和阶跃信号称为奇异信号。

单位阶跃信号的函数表达式为

$$u(t) = \begin{cases} 0, & t < 0 \\ 1, & t > 0 \end{cases} \tag{2-2-7}$$

从式（2-2-7）可以看出，$t < 0$ 时信号为零；$t > 0$ 时接入信号；$t = 0$ 处没有定义，是信号的突变点，信号从零值突变到单位值，如图 2-2-3 所示。

单位阶跃信号可作为理想开关的模拟函数。例如，信号 $v(t) = 12u(t)$，这个信号在 $t < 0$ 时为零；$t > 0$ 时等于 12 V。此时，单位阶跃信号就相当于一个 12 V 电源的开关。因此，单位阶跃信号 $u(t)$ 又可称作开关信号。

利用单位阶跃信号的单边性，可用其表示单边信号、有范围限制的信号等。

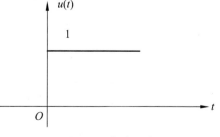

图 2-2-3 单位阶跃信号

单位冲激信号又称为冲激函数，最初是由狄拉克提出并定义的，因此又称为狄拉克 δ 函数，记为 $\delta(t)$ ，函数表达式为

$$\begin{cases} \begin{cases} \delta(t) = 0, t \neq 0 \\ \delta(t) = +\infty, t = 0 \end{cases} \\ \int_{-\infty}^{\infty} \delta(t)\mathrm{d}t = 1 \end{cases}$$ （2-2-8）

式（2-2-8）中的两个部分是一个整体，必须同时满足，如图 2-2-4 所示。其中，冲激函数在无穷区间上的积分面积称为冲激函数的强度，将单位冲激函数乘以常数 A ，就得到冲激强度为 A 的冲激函数，记为 $A\delta(t)$ 。

为了更好地理解单位冲激信号，单位冲激信号可以看成是由门信号（矩形脉冲）取极限得到。如图 2-2-5 所示，门信号的宽度是 τ ，高度是 $1/\tau$ ，面积为 1。保持面积 1 不变，当脉冲宽度减小，其高度将增大，当脉冲宽度趋于无限小时，其高度将趋于无限大，当脉冲宽度趋于零时，此极限情况下的脉冲信号就是单位冲激信号。

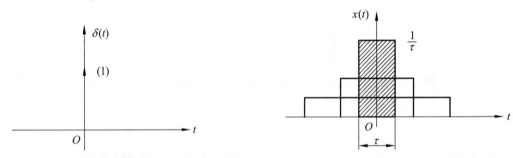

图 2-2-4　单位冲激信号　　　　　图 2-2-5　门信号演变为单位冲激信号

可见，单位冲激信号是一种持续时间无穷短、瞬间幅度无穷大、涵盖面积恒为 1 的理想信号。虽然冲激信号较为抽象，但其物理意义确实存在，如物理学中的质点问题、受力面积趋于零时的压强问题，以及电学中的抽样脉冲、雷击、电闪等问题，这些问题均不是连续分布于空间或时间中，而是集中在空间中的某一点或者时间中的某一瞬时，当引入冲激信号的概念后，问题的解决就会很方便。

需要说明的是，$\delta(t)$ 不能用经典数学中“任意给定 t ，存在确定的 $\delta(t)$ ”的方法定义，原因是 $\delta(0)$ 为无穷大，而无穷大不是确定值，因此 $\delta(t)$ 不是普通函数，属于广义函数的范畴，为了便于应用，在叙述中不强调数学上的严谨性，只强调使用和运算方便。

单位冲激函数具有如下性质。

1）性质 1：$\delta(t)$ 是偶函数

即　　　　　　　　　$\delta(t) = \delta(-t)$ （2-2-9）

2）性质 2：取样性

设 $x(t)$ 为连续时间信号，且在 $t = t_0$ 处连续，则

$$\int_{-\infty}^{\infty} x(t)\delta(t - t_0)\mathrm{d}t = x(t_0)$$ （2-2-10）

式（2-2-10）表明，若要从连续时间信号 $x(t)$ 中抽取任一时刻的函数值 $x(t_0)$，只要乘以冲激信号 $\delta(t-t_0)$ 并在区间 $(-\infty, \infty)$ 上积分即可，或者说冲激信号可以把冲激所在位置的函数值抽取出来。

3）性质 3：冲激函数和阶跃函数互为微分和积分关系

冲激函数为阶跃函数的微分，即 $\delta(t) = \dfrac{\mathrm{d}u(t)}{\mathrm{d}t}$

阶跃函数为冲激函数的积分，即 $u(t) = \displaystyle\int_{-\infty}^{t} \delta(\tau)\mathrm{d}\tau$

4）性质 4：用 $\delta(t)$ 信号可表示任意信号 $f(t)$

如图 2-2-6 所示，对任意信号 $f(t)$，可以分成很多宽度为 $\Delta\tau$ 的矩形脉冲，其中第 k 个脉冲出现在 $t = k\Delta\tau$ 时刻，其强度（矩形脉冲的面积）为 $f(k\Delta\tau)\Delta\tau$，用冲激函数可表示为 $f(k\Delta\tau)\Delta\tau\delta(t-k\Delta\tau)$。

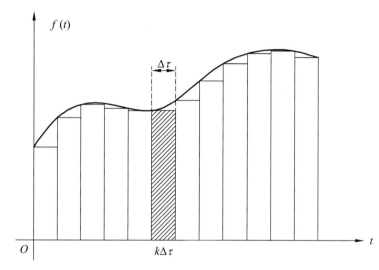

图 2-2-6　用冲激信号表示任意信号

这样，可以将 $f(t)$ 近似地看作由一系列强度不同、接入时刻不同的窄脉冲组成，所有这些窄脉冲的和近似等于 $f(t)$，即

$$f(t) \approx \sum_{k=-\infty}^{\infty} f(k\Delta\tau)\Delta\tau\delta(t-k\Delta\tau) \qquad (2\text{-}2\text{-}11)$$

当 $\Delta\tau \to 0$ 时（用无穷小量 $\mathrm{d}\tau$ 表示），式（2-2-11）中 $k\Delta\tau$ 由离散量变为连续量（用 τ 表示），$\sum$（离散和）要改为积分 $\int$（连续和），"$\approx$"改为"$=$"。即

$$f(t) = \int_{-\infty}^{\infty} f(\tau)\delta(t-\tau)\mathrm{d}\tau \qquad (2\text{-}2\text{-}12)$$

综上所述，可得到如下重要结论：任意信号 $x(t)$ 可以用经平移的无穷多个单位冲激函数加权后的连续和（积分）表示。换言之，任意信号 $x(t)$ 可以分解为一系列具有不同强度的冲激函数的移位加权和。这是信号时域分析的基本思想。

在信号分析过程中，还经常用到由单位冲激函数派生出的梳状函数。梳状函数的定义式

为 $\delta_T(t) = \sum_{n=-\infty}^{\infty} \delta(t-nT)$ ，其时域波形是周期为 T 的单位冲激串，所以也称为理想抽样函数，其波形如图 2-2-7 所示。

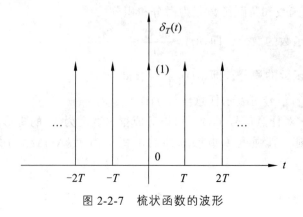

图 2-2-7　梳状函数的波形

6．抽样信号

抽样信号用符号 $Sa(t)$ 表示，其数学表达式为

$$Sa(t) = \frac{\sin t}{t}$$

（2-2-13）

抽样信号的波形如图 2-2-8 所示。

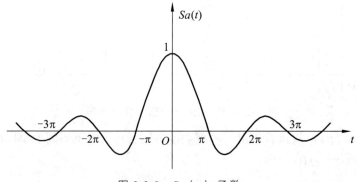

图 2-2-8　$Sa(t)$ 函数

从图 2-2-8 可以看出，$Sa(t)$ 信号是一个偶函数，在 $t=0$ 处取得最大值，在 $t=\pm\pi,\pm2\pi\cdots\pm m\pi$ 时函数值等于零（即等间隔过零点），在 t 的正、负两方向振幅都逐渐衰减。

与 $Sa(t)$ 信号类似的是 $\mathrm{sinc}(t)$ 信号，它的表达式为

$$\mathrm{sinc}(t) = \frac{\sin(\pi t)}{\pi t}$$

（2-2-14）

2.2.2　信号的运算

在信号的传输与处理过程中，往往需要对信号进行变换。这些变换用电子元器件实现，

并且可以用相应的信号运算表示。信号的运算包括相加、相乘、平移、反转、尺度变换、微分、积分、卷积和相关等。

1．相加或相乘

两信号相加或相乘得到的新信号在任意时刻的信号值等于两信号在该时刻的信号值之和或积。

歌声与背景音乐的混合就是信号叠加的实例。通信系统中抽样、调制和解调过程中遇到的两信号相乘就是信号相乘的典型应用。

2．平移、反转与尺度变换

将 $f(t)$ 的自变量更换为 $t+t_0$（t_0 为正或负数），则 $f(t+t_0)$ 相当于 $f(t)$ 波形在 t 轴上的整体平移，当 $t_0>0$ 时，波形左移，当 $t_0<0$ 时，波形右移。平移运算也称为移位、时移或时延运算。在通信系统中，长距离传输电话信号时，可能听到回波，这就是幅度衰减的话音延时信号。

将 $f(t)$ 的自变量更换为 $-t$，此时 $f(-t)$ 的波形相当于将 $f(t)$ 以 $t=0$ 为对称轴反转过来。反转运算也叫反褶运算。

将 $f(t)$ 的自变量 t 乘以正实系数 a，则信号 $f(at)$ 将是 $f(t)$ 波形的压缩（$a>1$）或扩展（$a<1$）。这种运算称为时间轴的尺度变换。

若 $f(t)$ 代表已录制声音的磁带，则 $f(-t)$ 表示磁带倒转播放产生的信号，而 $f(2t)$ 是磁带以二倍速度播放的声音信号，$f\left(\dfrac{1}{2}t\right)$ 则表示原磁带播放速度降至一半产生的信号。

信号 $f(at+b)$（式中 $a\neq0$）的波形可以通过对信号 $f(t)$ 的平移、反转（$a<0$）和尺度变换获得。虽然对三种运算的次序没有要求，但一般情况下，为了更好地画出这类信号的波形，最好先平移，然后再反转，如果反转后再进行平移，由于这时自变量为 $-t$，故平移方向与前述相反。

需要特别注意的是，平移、反转和尺度变这三种运算都是针对独立的、单一的自变量 t 而言的，而不是对 at 或 $at+b$ 进行的。

【例 2-2-1】已知信号 $f(t)$ 的波形如图 2-2-9（a）所示，试画出 $f(-2t+4)$ 的波形。

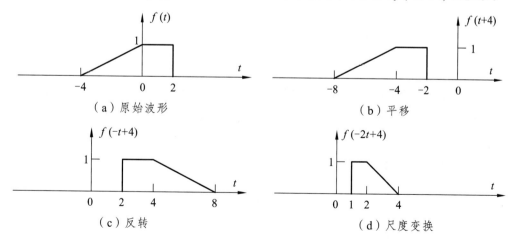

图 2-2-9　例 2-2-1 图

解： $f(-2t+4)$ 是 $f(t)$ 的时移、反转和尺度变换的综合。可通过三种不同的顺序得到 $f(-2t+4)$ 的波形。这里介绍最常用的方式：先平移，然后反转，最后尺度变换。

（1）将信号 $f(t)$ 左移，得到 $f(t+4)$，如图 2-2-9（b）所示。

（2）进行反转，得到 $f(-t+4)$，如图 2-2-9（c）所示。

（3）最后进行尺度变换，得到 $f(-2t+4)$，如图 2-2-9（d）所示。

3．微分和积分

信号 $f(t)$ 的微分运算是指 $f(t)$ 对 t 取导数，即 $f'(t) = \dfrac{\mathrm{d}}{\mathrm{d}t}f(t)$。

信号 $f(t)$ 的积分运算是指在 $(-\infty, t)$ 区间内的定积分，其表达式为 $\displaystyle\int_{-\infty}^{t} f(\tau)\mathrm{d}\tau$。

图 2-2-10 和图 2-2-11 分别表示微分运算和积分运算的例子。由图 2-2-10 可见，信号经微分后突出显示了它的变化部分，信号变化越快，输出越大（微分是"求变"运算）。在图 2-2-11 中，信号经积分运算后其效果与微分相反，信号的突变部分可变得平滑（积分是"求和"运算），利用这一作用可削弱信号中混入的毛刺（噪声）的影响。

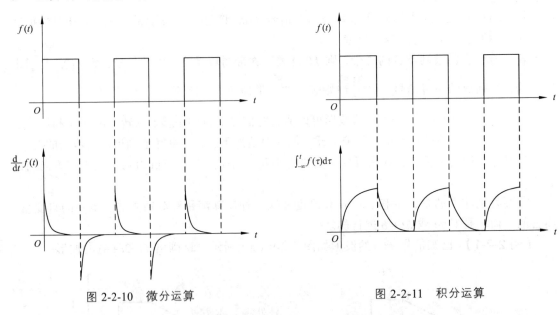

图 2-2-10　微分运算　　　　　　　　图 2-2-11　积分运算

4．卷　积

在连续信号与系统的时域分析中，卷积积分是一个重要的数学工具，它是一种特殊的积分运算，起源于信号的分解，而应用于系统对信号的响应，通常将卷积积分简称为卷积。

设 $f_1(t)$ 和 $f_2(t)$ 是定义在区间 $(-\infty, +\infty)$ 上的两个连续时间信号，将积分 $\displaystyle\int_{-\infty}^{\infty} f_1(\tau)f_2(t-\tau)\mathrm{d}\tau$ 定义为 $f_1(t)$ 和 $f_2(t)$ 的卷积，记为

$$f_1(t) * f_2(t) = \int_{-\infty}^{\infty} f_1(\tau)f_2(t-\tau)\mathrm{d}\tau \tag{2-2-15}$$

式（2-2-15）中，τ 为虚设积分变量，积分的结果为另一个新的时间信号；符号"*"表示做卷积积分运算，不表示相乘。

从定义不难看出，卷积运算涉及信号的反转、平移、相乘和积分四种运算。同时，卷积运算还具有以下性质，利用这些性质可使卷积运算简化。

1）性质 1：卷积的代数性质

卷积运算满足三个基本代数运算律，即

（1）交换律：$x_1(t) * x_2(t) = x_2(t) * x_1(t)$

（2）结合律：$x_1(t) * [x_2(t) * x_3(t)] = [x_1(t) * x_2(t)] * x_3(t)$

（3）分配律：$x_1(t) * [x_2(t) + x_3(t)] = x_1(t) * x_2(t) + x_1(t) * x_3(t)$

2）性质 2：$x(t)$ 与冲激信号的卷积

（1）任意 $x(t)$ 与冲激信号 $\delta(t)$ 进行卷积，其结果等于 $x(t)$ 本身，即

$$x(t) * \delta(t) = x(t) \tag{2-2-16}$$

（2）任意 $x(t)$ 与冲激信号的移位 $\delta(t - t_0)$ 进行卷积，其结果是在每个冲激的位置上产生一个 $x(t)$ 的镜像，即

$$x(t) * \delta(t - t_0) = x(t - t_0) \tag{2-2-17}$$

3）性质 3：卷积定理

卷积定理包括时域卷积定理和频域卷积定理。

若信号 $f_1(t)$ 的频谱为 $F_1(j\omega)$，信号 $f_2(t)$ 的频谱为 $F_2(j\omega)$，则

$$f_1(t) * f_2(t) \leftrightarrow F_1(j\omega) F_2(j\omega)$$

$$f_1(t) f_2(t) \leftrightarrow F_1(j\omega) * F_2(j\omega)$$

卷积定理揭示了时域与频域的对应关系，即一个域中的卷积（积分运算）对应于另一个域中的乘积（代数运算）。例如，时域中的卷积对应于频域中的乘积。在信号和系统分析过程中，利用相应的卷积定理可以大大简化卷积的运算量。

需要说明的是，这一性质对 Laplace（拉普拉斯）变换、Z 变换、Mellin（梅林）变换等各种傅里叶变换的变体同样成立。

5．相　关

所谓"相关（relativity）"就是相似，相关分析就是分析两个不同信号间的相似性，或一个信号经过一段延迟后自身的相似性。前者称互相关分析，后者称自相关分析。由于相关大小与两信号相对位置有关。因此，相关函数表征了两信号在不同时刻的相关程度，从而在时域上揭示信号间有无内在联系。相关分析是信号处理基本方法之一。

实信号 $f_1(t)$ 和 $f_2(t)$，如为能量有限信号，其互相关函数定义为

$$R_{12}(\tau) = \int_{-\infty}^{\infty} f_1(t) f_2(t - \tau) \mathrm{d}t = \int_{-\infty}^{\infty} f_1(t + \tau) f_2(t) \mathrm{d}t \tag{2-2-18}$$

$$R_{21}(\tau) = \int_{-\infty}^{\infty} f_1(t - \tau) f_2(t) \mathrm{d}t = \int_{-\infty}^{\infty} f_1(t) f_2(t + \tau) \mathrm{d}t \tag{2-2-19}$$

可见，互相关函数是两信号之间时间差 τ 的函数。需要注意，一般 $R_{12}(\tau) \neq R_{21}(\tau)$。不难证明，它们间的关系是

$$\begin{cases} R_{12}(\tau) = R_{21}(-\tau) \\ R_{21}(\tau) = R_{12}(-\tau) \end{cases} \tag{2-2-20}$$

如果 $f_1(t)$ 和 $f_2(t)$ 是同一信号，即 $f_1(t) = f_2(t) = f(t)$ ，这时无须区分 $R_{12}(\tau)$ 与 $R_{21}(\tau)$ ，用 $R(\tau)$ 表示，称为自相关函数，即

$$R(\tau) = \int_{-\infty}^{\infty} f(t)f(t-\tau)dt = \int_{-\infty}^{\infty} f(t+\tau)f(t)dt \qquad (2\text{-}2\text{-}21)$$

容易看出，对自相关函数有 $R(\tau) = R(-\tau)$ 。可见，实函数 $f(t)$ 的自相关函数是时移 τ 的偶函数。

又因为信号 $f_1(t)$ 和 $f_2(t)$ 卷积的表达式为

$$f_1(t) * f_2(t) = \int_{-\infty}^{\infty} f_1(\tau)f_2(t-\tau)d\tau \qquad (2\text{-}2\text{-}22)$$

为了便于与互相关函数相比较，将式（2-2-22）中的变量 t 与 τ 互换，可将信号 $f_1(t)$ 和 $f_2(t)$ 的互相关函数写为

$$R_{12}(t) = \int_{-\infty}^{\infty} f_1(\tau)f_2(\tau-t)d\tau \qquad (2\text{-}2\text{-}23)$$

比较式（2-2-22）与式（2-2-23）可知，卷积积分和相关函数的运算方法有许多相同之处。两种运算的不同之处仅在于：卷积运算开始时需要进行反转运算，而相关运算则不需反转。

在实际应用中，自相关在信号检测中具有重要作用，是在误码最小原则下的最佳接收准则。例如，在信号分析与处理过程中，常常利用自相关从强噪声中检测弱的周期信号；互相关在车速测量、直线定位，以及模式识别和密码分析学领域中都有应用。

2.3　信号的频域分析

时域和频域是分析研究信号的两种不同视角，在时域表达式中，我们可以看到信号幅度随时间变化的关系，但是信号包含的频率成分、各频率成分的幅度大小等信息却不能从时域表达式中直观地反映出来。因此，在信号分析中，常常需要将信号表示成频率的函数，即频域表达式。

如何由信号的时间表示（时域分析）变换到它的频率表示（频域分析）呢？最经典的数学方法是傅里叶分析，它是由法国数学家和物理学家傅里叶（Fourier）发明的，近 200 年来经久不衰，一直是众多学科的有力分析工具。

根据所分析信号的周期性，傅里叶分析可分为傅里叶级数和傅里叶变换两大类。

2.3.1　连续周期信号的傅里叶级数（Fourier Series，FS）

设 $f(t)$ 是一连续周期信号，周期为 T ，$\omega_0 = 2\pi/T$ ，则 $f(t)$ 可展开成以下两种形式的傅里叶级数。

1. 三角形式的傅立叶级数

$$f(t) = a_0 + a_1 \cos(\omega_0 t) + b_1 \sin(\omega_0 t) + a_2 \cos(2\omega_0 t) + b_2 \sin(2\omega_0 t) + \cdots$$

$$= a_0 + \sum_{n=1}^{\infty} [a_n \cos(n\omega_0 t) + b_n \sin(n\omega_0 t)]$$

$$= c_0 + \sum_{n=1}^{\infty} c_n \cos(n\omega_0 t + \varphi_n) \qquad\qquad （2\text{-}3\text{-}1）$$

其中：$c_n = \sqrt{a_n^2 + b_n^2}$ ，$\varphi_n = -\arctan \dfrac{b_n}{a_n}$ 。

直流分量：$a_0 = c_0 = \dfrac{1}{T} \displaystyle\int_0^T f(t)\mathrm{d}t$

余弦分量的幅度：$a_n = \dfrac{2}{T} \displaystyle\int_0^T f(t)\cos(n\omega_0 t)\mathrm{d}t$

正弦分量的幅度：$b_n = \dfrac{2}{T} \displaystyle\int_0^T f(t)\sin(n\omega_0 t)\mathrm{d}t$

式（2-3-1）表明，连续周期信号可分解为直流分量和一系列正弦信号的线性组合。每个正弦波的频率都是以 ω_0 的整数倍离散分布，且幅度 c_n 和相位 φ_n 都是关于 $n\omega_0$ 的函数。其中，ω_0 对应的波形称为基波，$n\omega_0$ 对应的波形称为 n 次谐波。

三角形式的傅立叶级数可用图 2-3-1 所示的立体图来形象描述，图中的连续周期信号被分解成一系列的频率为 ω_0 整数倍的正弦信号，将这些正弦信号往侧面投射即可得到幅度随频率变化的线图，这种图称为幅度谱，通过幅度谱可以很直观地看出各频率分量的相对大小；将这些信号往下投射即可得到相位随频率的变化的线图，这种图称为相位谱。将幅度谱和相位谱画在平面直角坐标系中就是我们平时看到的如图 2-3-2 所示的效果。

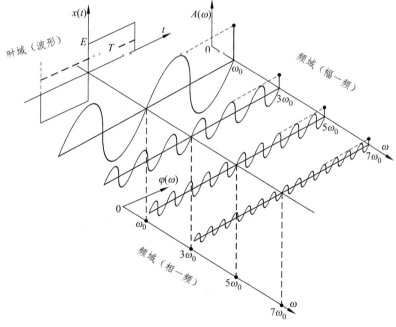

图 2-3-1　连续周期信号的时域与频域的映射关系

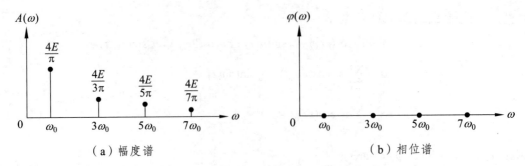

（a）幅度谱　　　　　　　　　　　　　　　（b）相位谱

图 2-3-2　连续周期信号的幅度谱和相位谱

从图 2-3-2 中不难看出，周期信号的频谱是离散谱。同时，基波决定信号的"轮廓"，谐波决定信号的"细节"。

【例 2-3-1】 已知周期信号 $f(t) = 1 + \sqrt{2}\cos\omega_0 t - \cos\left(2\omega_0 t + \dfrac{5\pi}{4}\right) + \sqrt{2}\sin\omega_0 t + \dfrac{1}{2}\sin 3\omega_0 t$，试画出其频谱图（频谱图和相位图）。

解：将 $f(t)$ 整理为标准形式，即

$$f(t) = 1 + 2\cos\left(\omega_0 t - \frac{\pi}{4}\right) + \cos\left(2\omega_0 t - \frac{5\pi}{4} - \pi\right) + \frac{1}{2}\cos\left(3\omega_0 t - \frac{\pi}{2}\right)$$

$$= 1 + 2\cos\left(\omega_0 t - \frac{\pi}{4}\right) + \cos\left(2\omega_0 t - \frac{5\pi}{4}\right) + \frac{1}{2}\cos\left(3\omega_0 t - \frac{\pi}{2}\right)$$

其频谱图如图 2-3-3 所示。

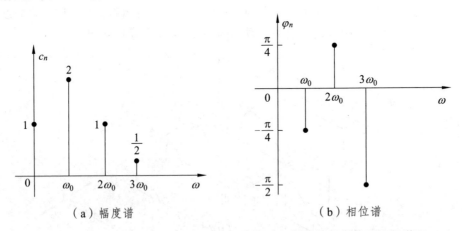

（a）幅度谱　　　　　　　　　　　　　　　（b）相位谱

图 2-3-3　【例 2-3-1】利用三角形式的傅里叶级数计算周期信号的频谱图

2．指数形式的傅里叶级数

虽然三角形式的傅里叶级数物理含义明确，但用其进行数学运算常感不便，由于指数形式的傅里叶级数便于计算且很容易与后面介绍的傅里叶变换统一起来，因而实际应用中常采用指数形式的傅里叶级数。

利用欧拉公式，式（2-3-1）可整理为

$$f(t) = \sum_{n=-\infty}^{\infty} F(n\omega_0)\mathrm{e}^{jn\omega_0 t} \quad n = 0, \pm 1, \pm 2, \cdots, \pm\infty \tag{2-3-2}$$

系数 $F(n\omega_0)$ 可由信号 $f(t)$ 得到，即

$$F(n\omega_0) = \frac{1}{T}\int_t^{t+T} f(t)\mathrm{e}^{-jn\omega_0 t}\mathrm{d}t \qquad (2\text{-}3\text{-}3)$$

式（2-3-2）表明，任意连续周期信号可分解为许多不同频率的虚指数信号 $\mathrm{e}^{jn\omega_0 t}$ 之和。其各分量的复数幅度（或相位）为 $F(n\omega_0)$。

可以证明，虚指数信号 $\mathrm{e}^{jn\omega_0 t}$ 的系数 $F(k\omega_0)$ 与三角形式的傅里叶级数中正弦信号的系数 c_n 具有严格的对应关系，在此不再赘述。

针对【例 2-3-1】中的 $f(t)$ 信号，也可以按照式（2-3-3）计算，得到其幅度谱和相位谱，如图 2-3-3 所示。

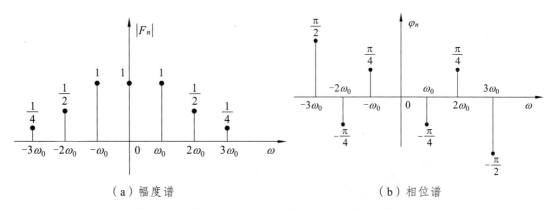

（a）幅度谱　　　　　　　　　　　　（b）相位谱

图 2-3-4　【例 2-3-1】利用指数形式的傅里叶级数计算周期信号的频谱图

比较图 2-3-3 和图 2-3-4 可以发现，利用指数形式的傅里叶级数公式计算出的频谱图是双边谱，其中幅度谱具有偶对称性且每条谱线是单边谱中谱线的一半，双边相位谱具有奇对称性。

当 $F(n\omega_0)$ 为实数时，可用正负来表示相位 0 或 π，这时常把幅度谱和相位谱画在一张图上（见图 2-3-6）

综上所述，周期信号可分解为一系列不同频率的正弦信号或虚指数信号之和。各信号仅在 ω_0 的整数倍上取值，即它在频率轴上的取值是离散的，故 $F(k\omega_0)$ 为离散谱。因此得到结论：若信号在时域是周期的，则频域的频谱是离散的（离散间隔为 $\omega_0 = \dfrac{2\pi}{T_0}$ ）。

【例 2-3-2】　周期性矩形脉冲信号的波形如图 2-3-5 所示，试计算其频谱图。

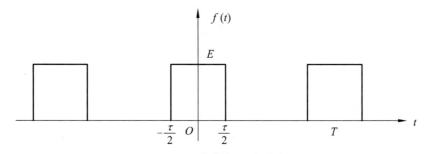

图 2-3-5　周期性矩形脉冲信号

解： 由图 2-3-5 可知，此周期性矩形脉冲信号的周期为 T，宽度为 τ，幅度为 E，它在一个周期内的解析式为

$$f(t) = \begin{cases} E, & -\dfrac{\tau}{2} \leqslant t \leqslant -\dfrac{\tau}{2} \\ 0, & \text{其他} \end{cases}$$

代入式（2-3-3）中，得

$$F(n\omega_0) = \frac{1}{T}\int_{-\frac{T}{2}}^{\frac{T}{2}} Ee^{-jn\omega_0 t}dt = \frac{E\tau}{T}Sa\left(\frac{1}{2}n\omega_0\tau\right) \tag{2-3-4}$$

因此，周期性矩形脉冲信号的频谱如图 2-3-6 所示。

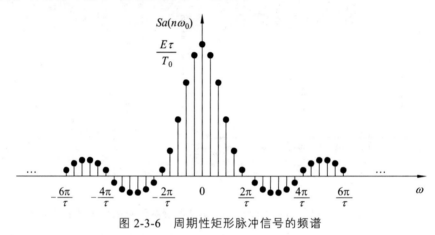

图 2-3-6　周期性矩形脉冲信号的频谱

不难看出，周期性矩形脉冲信号的频谱是离散的（离散间隔为 $\dfrac{2\pi}{T}$），且谱线的包络为抽样信号（单个矩形脉冲的频谱为抽样信号）。进一步研究证明，周期信号的频谱具有离散性、谐波性和收敛性三大特点。

2.3.2　连续非周期信号的傅里叶变换（Fourier Transform，FT）

现实世界中的信号通常为连续非周期信号，假设 $f(t)$ 为一连续非周期信号，则傅里叶级数不能适用。但在 2.1 节中知道，非周期信号可以看作周期 T 趋于无穷大的周期信号，这样，此时离散谱线之间的间距 ω_0 趋于无穷小（用无穷小量 $d\omega$ 表示），在此极限下，离散频率变量 $k\omega_0$ 变为连续频率变量 ω，离散求和运算符号"Σ"需改为连续求和运算（积分）符号"$\int$"，于是式（2-3-2）可改写为式（2-3-5），这就是非周期信号 $f(t)$ 的傅里叶变换（FT）。

$$f(t) = \frac{1}{2\pi}\int_{-\infty}^{\infty} F(j\omega)e^{j\omega t}d\omega \tag{2-3-5}$$

式（2-3-5）表明：非周期信号 $f(t)$ 可以分解成无穷多个指数函数 $e^{j\omega t}$ 之和，它占据从 $-\infty$ 到 $+\infty$ 的全部频率域，指数函数 $e^{j\omega t}$ 分量的系数为 $\dfrac{F(j\omega)}{2\pi}d\omega$。

$F(\mathrm{j}\omega)$ 可由信号 $f(t)$ 得到，即

$$F(\mathrm{j}\omega) = \int_{-\infty}^{\infty} f(t)\mathrm{e}^{-\mathrm{j}\omega t}\mathrm{d}t \qquad （2\text{-}3\text{-}6）$$

通常，式（2-3-6）称为傅里叶正变换［由时域 $f(t)$ 求频域 $F(\mathrm{j}\omega)$］，并记为 FT[$f(t)$]，式（2-3-5）称为傅里叶反变换［由频域 $F(\mathrm{j}\omega)$ 求时域 $f(t)$］，记为 IFT[$F(\mathrm{j}\omega)$]。式（2-3-5）和式（2-3-6）合称傅里叶变换对。

注：连续形式的傅里叶变换其实是傅里叶级数的推广，因为积分其实是一种极限形式的求和算子而已。

另外，由于指数函数 $\mathrm{e}^{\mathrm{j}\omega t}$ 的系数 $\dfrac{F(\mathrm{j}\omega)}{2\pi}\mathrm{d}\omega$ 是一个无穷小量，此时再用幅度表示大小就不合适了，虽然各频谱幅度无限小，但相对大小仍有区别，因此引入频谱密度的概念来表示其大小。顺便指出，在本书后面针对非周期信号讨论问题时，也常把频谱密度简称为频谱，这时在概念上不要把它和周期信号的频谱相混淆。

2.3.3　傅里叶变换的性质

傅里叶变换的性质包括线性、对称性、尺度变换、时移特性、频移特性、时域卷积定理、频域卷积定理、时域微分和积分、频域微分和积分等性质。这里主要介绍时移特性和频移特性。

1．时移特性

若信号 $f(t)$ 的频谱为 $F(\mathrm{j}\omega)$，即 $f(t) \leftrightarrow F(\mathrm{j}\omega)$，则信号 $f(t-t_0)$ 的频谱为 $F(\mathrm{j}\omega)\mathrm{e}^{-\mathrm{j}\omega t_0}$，即 $f(t-t_0) \leftrightarrow F(\mathrm{j}\omega)\mathrm{e}^{-\mathrm{j}\omega t_0}$。

时移特性表明：信号 $f(t)$ 在时域中沿时间轴右移（延时）t_0 个单位等效于在频域中频谱乘以因子 $\mathrm{e}^{-\mathrm{j}\omega t_0}$，若信号 $f(t)$ 沿时间轴左移（提前）t_0 个单位，则其频谱应乘以因子 $\mathrm{e}^{\mathrm{j}\omega t_0}$。

2．频移特性

若信号 $f(t)$ 的频谱为 $F(\mathrm{j}\omega)$，即 $f(t) \leftrightarrow F(\mathrm{j}\omega)$，则信号 $f(t)\mathrm{e}^{\mathrm{j}\omega_0 t}$ 的频谱为 $F[\mathrm{j}(\omega-\omega_0)]$，即 $f(t)\mathrm{e}^{\mathrm{j}\omega_0 t} \leftrightarrow F[\mathrm{j}(\omega-\omega_0)]$。

频移特性表明：信号 $f(t)$ 乘以因子 $\mathrm{e}^{\mathrm{j}\omega_0 t}$（或 $\mathrm{e}^{-\mathrm{j}\omega_0 t}$），则其频谱沿频率轴右移（或左移）$\omega_0$ 个单位。

上述频谱沿频率轴右移或左移称为频谱搬移技术。在通信系统中可用于实现调制、变频及同步解调等过程。频谱搬移的基本原理是将 $f(t)$ 乘以载频信号 $\cos(\omega_0 t)$ 或者 $\sin(\omega_0 t)$。即

$$\mathscr{F}[f(t)\cos\omega_0 t] = \mathscr{F}\left[\frac{1}{2}f(t)\mathrm{e}^{\mathrm{j}\omega_0 t} + \frac{1}{2}f(t)\mathrm{e}^{-\mathrm{j}\omega_0 t}\right]$$

$$= \frac{1}{2}[F(\omega-\omega_0) + F(\omega+\omega_0)] \qquad （2\text{-}3\text{-}7）$$

同理

$$\mathscr{F}[f(t)\sin\omega_0 t]=\frac{1}{2\mathrm{j}}[F(\omega-\omega_0)-F(\omega+\omega_0)] \tag{2-3-8}$$

式（2-3-8）表明：一个时间信号 $f(t)$ 与正弦信号 $\sin\omega_0 t$ 相乘，它的频谱 $F(\mathrm{j}\omega)$ 将搬移到 $\omega=\omega_0$ 和 $\omega=-\omega_0$ 处，其幅度为原来的一半。

【例 2-3-3】 如图 2-3-7（a）所示，单个矩形脉冲信号的表达式可表示为

$$f(t)=\begin{cases}E, & |t|\leqslant\dfrac{\tau}{2}\\[2mm]0, & |t|>\dfrac{\tau}{2}\end{cases}$$

解： 由式（2-3-6）可知，$f(t)$ 的频谱 $F(\mathrm{j}\omega)$ 为

$$F(\mathrm{j}\omega)=\int_{-\infty}^{\infty}f(t)\mathrm{e}^{-\mathrm{j}\omega t}\mathrm{d}t=\int_{-\frac{\tau}{2}}^{\frac{\tau}{2}}E\mathrm{e}^{-\mathrm{j}\omega t}\mathrm{d}t=E\tau Sa\left(\frac{\tau\omega}{2}\right) \tag{2-3-9}$$

式（2-3-9）中，$Sa\left(\dfrac{\tau\omega}{2}\right)=\dfrac{\sin\dfrac{\tau\omega}{2}}{\dfrac{\tau\omega}{2}}$ 称为抽样函数。故 $f(t)$ 的频谱 $F(\mathrm{j}\omega)$ 如图 2-3-6（b）所示。

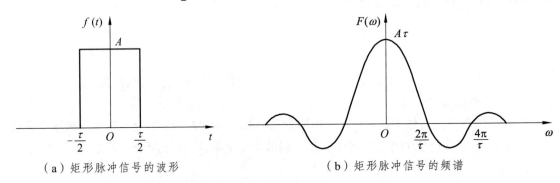

（a）矩形脉冲信号的波形　　　　　　　　　（b）矩形脉冲信号的频谱

图 2-3-7　单个矩形脉冲信号的波形和频谱

图 2-3-6 和 2-3-7（b）所示的频谱能量主要集中在 $f=0\sim\dfrac{1}{\tau}$ 范围，为了传输这样的矩形脉冲，在实际应用中，把第一个过零点的位置作为带宽就够了，即认为矩形脉冲的带宽等于其脉冲持续时间 τ 的倒数，即 $B=\dfrac{1}{\tau}$，此带宽称为过零点带宽。需要说明的是，在通信系统中，除了用过零点带宽来表示信号的频率分布，还可以用绝对带宽 3 dB 带宽（也叫半功率带宽）来表示。其中绝对带宽表示为上限频率 f_H 与下限频率 f_L 之差，即

$$B=f_\mathrm{H}-f_\mathrm{L}$$

关于 3 dB 带宽的叙述详见第 3 章。

【例 2-3-4】 试求单位冲激信号的频谱（密度）。

解： 由于单位冲激信号 $\delta(t)$ 为非周期信号，根据非周期信号傅里叶变换的公式，可得单位冲激信号 $\delta(t)$ 的傅里叶变换为

$$F(j\omega) = \int_{-\infty}^{\infty} \delta(t)e^{-j\omega t}dt = e^{-j\omega 0} = 1 \tag{2-3-10}$$

式（2-3-10）表明，单位冲激函数的频谱密度等于 1，即它的各频率分量连续且均匀分布在整个频率轴上，常称为"均匀谱"或"白色频谱"，如图 2-3-8 所示。

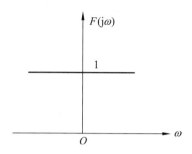

图 2-3-8　单位冲激信号的频谱（密度）

利用相关性质可以证明，如 2-3-8（a）所示的梳状函数 $\delta_T(t) = \sum_{n=-\infty}^{\infty} \delta(t-nT)$ 的频谱

$$F(j\omega) = \frac{1}{T}\sum_{n=-\infty}^{\infty} 2\pi\delta(\omega - n\omega) = \frac{1}{T}\sum_{n=-\infty}^{\infty} 2\pi\delta(\omega - n\omega)$$

$$= \frac{2\pi}{T}\sum_{n=-\infty}^{\infty} \delta(\omega - n\omega) = \omega\sum_{n=-\infty}^{\infty} \delta(\omega - n\omega) = \omega\delta_\omega(\omega) \tag{2-3-11}$$

式（2-3-11）表明，周期单位冲激串的傅立叶变换仍为冲激串，且强度和间隔都为 $\omega = \dfrac{2\pi}{T}$。图 2-3-9（b）所示为周期单位冲激串的频谱，周期单位冲激串信号常称为梳状函数。

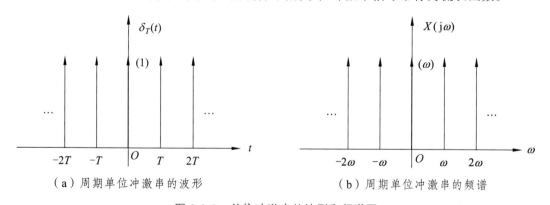

（a）周期单位冲激串的波形　　　　　　　　　（b）周期单位冲激串的频谱

图 2-3-9　单位冲激串的波形和频谱图

关于傅里叶级数和傅里叶变换还有以下两点说明：

（1）傅里叶级数和傅里叶变换在数学上都要求 $f(t)$ 满足一定的条件。所幸的是，可物理测量的信号一般都能满足这些条件。

（2）指数形式的傅里叶级数和傅里叶变换得到的频谱图均为双边谱，其中，负的频率是没有物理意义的，这是由于引入复正弦波引起的。

2.3.4 周期序列的离散傅里叶级数（Discrete Fourier Series， DFS）

对于连续时间周期信号 $f(t)$，可分解为许多不同频率的虚指数信号 $\mathrm{e}^{jn\omega_0 t}$（其中 $\omega_0 = \dfrac{2\pi}{T}$ 为基波频率）之和。类似地，周期为 N 的序列 $x(n)$ 也可以展开为许多虚指数序列 $\mathrm{e}^{jk\Omega_0 n} = \mathrm{e}^{jk\left(\frac{2\pi}{N}\right)n}$（其中 $\Omega_0 = \dfrac{2\pi}{N}$ 为数字角频率）之和。由于虚指数序列 $\mathrm{e}^{jk\frac{2\pi}{N}n}$ 也是周期为 N 的周期序列，因此，周期序列 $x(n)$ 的傅里叶级数展开式仅为有限项（N 项），若取第一个周期 $k = 0, 1, 2, \cdots, N-1$，则 $x(n)$ 的展开式为

$$x(n) = \frac{1}{N} \sum_{k=0}^{N-1} X(k) \mathrm{e}^{j\left(\frac{2\pi}{N}\right)kn} \qquad （2\text{-}3\text{-}12）$$

系数 $X(k)$ 可由式（2-3-13）求得

$$X(k) = \sum_{n=0}^{N-1} x(n) \mathrm{e}^{-j\left(\frac{2\pi}{N}\right)kn} \qquad （2\text{-}3\text{-}13）$$

式（2-3-13）称为离散傅里叶级数正变换（求系数），式（2-3-14）称为离散傅里叶级数反变换（求时间序列），式（2-3-14）和式（2-3-15）称为离散傅里叶级数变换对。

比较式（2-3-14）和式（2-3-15）不难看出，由于时域、频域的双重周期性，使得两个式子具有对称的形式，均是 N 项级数求和得到 N 个样点的序列。图 2-3-10 解释了周期序列的傅里叶级数各参数之间的关系。

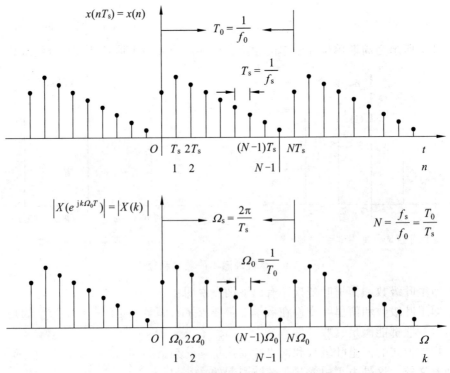

图 2-3-10 周期序列及其频谱之间的关系

由于周期序列是重复出现的，所以可以只取其中一个周期就足以表示整个序列了，这个被抽出来表示整个序列特性的周期称为主值周期，这个序列称为主值序列。

2.3.5　非周期序列的离散时间傅里叶变换（Discrete Time Fourier Transform，DTFT）

与连续非周期信号类似，非周期序列可看成是周期无穷大的周期序列，即 $N \to \infty$，如图 2-3-11 所示。

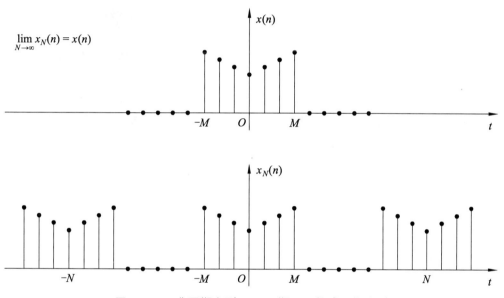

图 2-3-11　非周期序列 $x(n)$ 周期延拓构成周期序列

当 $N \to \infty$ 时，$\Omega_0 = \dfrac{2\pi}{N}$ 趋于无穷小，取其为 $\mathrm{d}\Omega$，离散谱变为连续谱，$k\Omega_0 = k\dfrac{2\pi}{N}$ 由离散变量变为连续变量，取其为 Ω，结合式（2-3-13），可得出非周期序列的离散时间傅里叶正变换为

$$X(\mathrm{e}^{\mathrm{j}\Omega}) = \sum_{n=-\infty}^{\infty} x(n)\mathrm{e}^{-\mathrm{j}n\Omega} \tag{2-3-14}$$

容易看出，$X(\mathrm{e}^{\mathrm{j}\Omega})$ 是数字频率 Ω 的连续周期函数，周期为 2π。

结合式（2-3-12），可得出非周期序列的离散时间傅里叶反变换为

$$x(n) = \frac{1}{2\pi}\int_{-\pi}^{\pi} X(\mathrm{e}^{\mathrm{j}\Omega})\mathrm{e}^{\mathrm{j}\Omega n}\mathrm{d}\Omega \tag{2-3-15}$$

式（2-3-15）的物理意义是：非周期序列可以分解为无穷多个频率为 Ω、振幅为 $\dfrac{X(\mathrm{e}^{\mathrm{j}\Omega})}{2\pi}\mathrm{d}\Omega$ 的虚指数信号 $\mathrm{e}^{\mathrm{j}\Omega n}$ 的线性组合。

2.3.6　有限长序列的离散傅里叶变换（Discrete Fourier Transform，DFT）

在信号处理系统中，若使用计算机进行傅里叶变换运算时，要求：

（1）时域和频域的自变量均为离散的。

（2）时域和频域的数据点数均为有限的。

在上述四种形式的傅立叶变换中，总有至少一个域为连续（FS 变换中时域连续、FT 变换中时域和频域均连续、DTFT 变换中频域连续）或无限长（DFS 变换中时域无限长），这些均不能通过计算机进行运算分析。

一般来说，任意信号 $x(t)$ 是定义在时间区间（ $-\infty$ ，$+\infty$ ）上的连续函数，但所有计算机的 CPU（中央处理器）都只能按指令周期离散运行，同时计算机也不能处理（ $-\infty$ ，$+\infty$ ）这样一个时间段。当用 DFT 对其进行谱分析时，必须将其截短（或补零）为长度为 N 的有限长序列，具体做法如下：

首先对连续非周期信号 $x(t)$ 进行均匀采样得到离散时间信号 $x(nT_s) = x(n)$，再通过截短（或补零）得到一个长度为 N 的有限长序列 $x(n)$（见图 2-3-10），将其作为周期序列的一个主值序列并进行周期延拓，利用离散傅立叶级数（DFS）变换得到其频谱，在其频谱上等间隔抽样 N 点得到序列 $X(k)$，刚好对应有限长序列的 N 点周期延拓。因此，定义 $x(n)$ 的 N 点傅里叶变换为

$$X(k) = \sum_{n=0}^{N-1} x(n)\mathrm{e}^{-\mathrm{j}\frac{2\pi}{N}nk} \quad k = 0,1,\cdots,N-1 \qquad （2-3-16）$$

其中 N 称为 DFT 的变换区间长度。$X(k)$ 的反变换为

$$x(n) = \frac{1}{N}\sum_{k=0}^{N-1} X(k)\mathrm{e}^{\mathrm{j}\frac{2\pi}{N}nk} \quad n = 0,1,\cdots,N-1 \qquad （2-3-17）$$

式（2-3-16）称为离散傅里叶变换正变换（求系数），式（2-3-17）称为离散傅里叶变换反变换（求时间序列），式（2-3-18）和式（2-3-19）称为离散傅里叶变换对。

将周期序列的离散傅里叶级数变换对和有限长序列的离散傅里叶变换对进行比较可见，有限长序列可以看成周期序列的一个周期；反之，周期序列可以看成有限长序列以 N 为周期的周期延拓。DFT 是将 DFS 取主值，DFS 是 DFT 的周期延拓。

2.3.7　快速傅里叶变换（Fast Fourier Transform，FFT）

快速傅里叶变换是指利用计算机计算离散傅里叶变换（DFT）的高效、快速计算方法的统称，其本质仍然是 DFT。它是 1965 年由 J.W.库利和 T.W.图基提出的，采用这种算法能使计算机计算离散傅里叶变换所需要的乘法次数大为减少，特别是被变换的抽样点数 N 越多，FFT 算法计算量的节省就越显著，如图 2-3-12 所示。

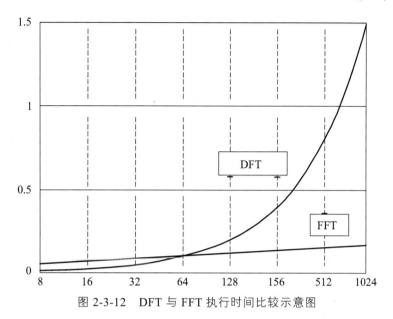

图 2-3-12　DFT 与 FFT 执行时间比较示意图

　　FFT 的出现解决了离散傅里叶变换的计算量极大、不实用的问题，从而使离散傅里叶变换得到了广泛应用。我们常用的信号处理软件 MATLAB 或者 DSP 软件包中，包含的算法都是 FFT 而非 DFT。

　　通过上述信号时域分析和频域分析，可得到如下结论：

　　（1）傅立叶分析理论的核心思想和方法与数学中的牛顿—莱布尼兹微积分理论的思想有相似之处，即"化整为零，积零为整"，也就是将复杂问题分割成许多相对简单的问题来分别处理，再对处理后的简单问题合理整合，从而完成对复杂问题的处理和解决。迁移到分析信号，就是将信号分解为某种最简单的单一信号的组合。在时域分析中，将任意信号分解为一系列不同强度的冲激信号的移位加权和，而在频域分析中则是将任意信号分解为以正弦（虚指数）信号为基础的各谐波分量的加权和。例如，连续周期信号分解为 $e^{jn\omega_0 t}$，连续非周期信号分解为 $e^{j\omega t}$，离散周期信号分解为 $e^{jk\Omega_0 n}$，离散非周期信号分解为 $e^{jk\Omega n}$。之所以用正弦信号来表示任意信号，主要包括两个重要原因：一是正弦信号比原信号更简单，且正弦函数很早就已经被充分研究；二是正弦信号具有频率保持性，即对于线性时不变系统，输入为正弦信号，输出仍是正弦信号，幅度和相位可能发生变化，但频率与原信号保持一致，也只有正弦信号才具这个性质。

　　（2）连续形式的傅里叶变换其实是傅里叶级数的推广，因为积分其实是一种极限形式的求和算子。理解这种推广过程的一种方式是将非周期性现象视为周期性现象的一个特例，即其周期为无限长。

　　（3）信号"域"的不同，是指信号的自变量不同，或描述信号的横坐标物理量不同，信号在不同"域"的描述使所需信号的特征更为突出，以便满足解决不同问题的需要。但是，无论采用哪种描述方法，同一信号含有的信息和能量是相同的，即信号在不同"域"间转换时不增加新的信息和能量。

　　（4）时域和频域具有严格的映射关系，一个域的"离散"对应另一个域的"周期"延拓，一个域的"连续"对应另一个域的"非周期"，信号在一个域越窄，在另一个域越宽，且易证明：

$$一个域中的周期函数的周期 = \frac{1(或\ 2\pi)}{另一个域中离散函数的离散间隔}$$

表 2.3-1 详细列出了六种傅里叶变换中信号时域特性与频域特性的映射关系。

表 2-3-1　信号时域特性与频域特性的映射关系

类　型	时 间 信 号		频 率 信 号	
傅里叶级数 （FS）	$f(t)$	连续 周期（T_0）	$F(n\omega_0)$	非周期 离散$\left(\Omega_0 = \dfrac{2\pi}{T_0}\right)$
傅里叶变换 （FT）	$f(t)$	连续 非周期	$F(\mathrm{j}\omega)$	非周期 连续
离散傅里叶级数 （DFS）	$x(n)$	离散（T_s） 周期（T_0）	$X(k)$	周期$\left(\Omega_s = \dfrac{2\pi}{T_s}\right)$ 离散$\left(\Omega_0 = \dfrac{2\pi}{T_0}\right)$
离散时间傅里叶变换 （DTFT）	$x(n)$	离散（T_s） 非周期	$X(\mathrm{e}^{\mathrm{j}\Omega})$	周期$\left(\Omega_s = \dfrac{2\pi}{T_s}\right)$ 连续
离散傅里叶变换 （DFT）	$x(n)$	有限长序列（N）	$X(k)$	有限长序列（N）
快速傅立叶变换 （FFT）	DFT 的快速算法，本质仍是 DFT			

常用信号的傅里叶变换列于表 2-3-2 中，可供查阅。

表 2-3-2　常用信号的傅里叶变换表

名　称	时间信号 $f(t)$	波形图	频谱函数 $F(\omega)$	频谱图
单边指 数脉冲	$A\mathrm{e}^{-at}u(t)(a>0)$		$\dfrac{A}{a+\mathrm{j}\omega}$	
矩形 脉冲	$\begin{cases} A, & \lvert t \rvert < \dfrac{\tau}{2} \\ 0, & \lvert t \rvert \geqslant \dfrac{\tau}{2} \end{cases}$		$A\tau Sa\left(\dfrac{\omega\tau}{2}\right)$	
三角 脉冲	$\begin{cases} A\left(1 - \dfrac{2\lvert t \rvert}{\tau}\right), & \lvert t \rvert < \dfrac{\tau}{2} \\ 0, & \lvert t \rvert \geqslant \dfrac{\tau}{2} \end{cases}$		$\dfrac{A\tau}{2} Sa^2\left(\dfrac{\omega\tau}{4}\right)$	

续表

名 称	时间信号 $f(t)$	波形图	频谱函数 $F(\omega)$	频谱图
抽样脉冲	$Sa(\omega_c t)=\dfrac{\sin\omega_c t}{\omega_c t}$		$\begin{cases}\dfrac{\pi}{\omega_c}, & \|\omega\|<\omega_c \\ 0, & \|\omega\|>\omega_c\end{cases}$	
冲激函数	$A\delta(t)$		A	
直流	A		$2\pi A\delta(\omega)$	
梳状函数	$\delta_\tau(t)=\displaystyle\sum_{n=-\infty}^{\infty}\delta(t-nT)$		$\omega_1=\displaystyle\sum_{n=-\infty}^{\infty}\delta(\omega-n\omega_1),$ $\left(\omega_1=\dfrac{2\pi}{T}\right)$	
余弦函数	$A\cos\omega_0 t$		$A\pi[\delta(\omega+\omega_c)+\delta(\omega-\omega_0)]$	
正弦函数	$A\sin\omega_0 t$		$jA\pi[\delta(\omega+\omega_0)-\delta(\omega-\omega_0)]$	

在运用计算机对连续信号进行傅里叶变换时,主要关注频谱分布范围和频谱分辨率这两个指标。

频谱分布范围指的是能够观察到的频率范围,若信号的最高频率为 f_H,抽样频率为 f_s(应保证 $f_s\geqslant 2f_H$),则频谱分布范围为 $0\sim\dfrac{f_s}{2}$。

频谱分辨率 Δf 表示能够分辨的两个频率分量的最小间隔,其值为 $\Delta f=\dfrac{f_s}{N}=\dfrac{1}{NT_s}$($NT_s$ 称为记录时间)。

可见,更宽的频谱范围取决于对原始信号的抽样频率 f_s,若想提高频谱分辨率,当采样点数 N 不变时,就必须降低抽样频率,但降低抽样频率会引起频谱范围变窄和频谱混叠,当抽样频率不变,就必须增加采样点数 N,即增加对信号的记录(采样)时间,这就对设备的长存储能力提出了更高要求。下面结合实例谈一下相关参数的取值。

【例 2-3-5】 假设模拟信号的最高频率 f_H 为 2.5 kHz,要求频谱分辨率 $F\leqslant 10$ Hz,

求:(1)最小记录时间、最大的采样间隔、最少的采样点数。

(2)若保持最高频率 f_H 不变,要求频谱分辨率提高 1 倍,最少的采样点数和最小记录时间。

解：根据公式 $\Delta f = \dfrac{f_s}{N} = \dfrac{1}{NT_s}$ 可知，最小记录时间为

$$NT_s = \frac{1}{\Delta f} = \frac{1}{10} = 0.1 \text{ (s)}$$

按照抽样定理，要求 $f_s \geqslant 2f_H$，则最大的抽样间隔为

$$T_{\text{s-max}} = \frac{1}{2f_H} = \frac{1}{2 \times 2\,500} = 0.2 \times 10^{-3} \text{ (s)}$$

最少的抽样点数为

$$N_{\min} = \frac{2f_H}{\Delta f} = \frac{2 \times 2\,500}{10} = 500$$

为了使用 DFT 的快速算法 FFT，希望 N 为 2 的整数幂，因此选用 $N = 512$。

为了使频谱分辨率提高 1 倍，即 $\Delta f = 5 \text{ Hz}$，则

最少的抽样点数 $N_{\min} = \dfrac{2f_H}{\Delta f} = \dfrac{2 \times 2\,500}{5} = 1\,000$

最小记录时间为 $NT_s = \dfrac{1}{\Delta f} = \dfrac{1}{5} = 0.2 \text{ (s)}$

采用快速算法 FFT 计算时，N 应取 1 024 点。

【例 2-3-6】 设计要求的系统带宽为 1 MHz，频率分辨率不高于 10 kHz，求最小记录时间、最大的采样间隔、最少的采样点数。

解：根据公式 $N = \dfrac{f_s}{\Delta f} = \dfrac{2 \times 10^6}{10 \times 10^3} = 200$ 可知，N 应选 256，此时

$$\Delta f = \frac{f_s}{N} = 7.8 \text{ (kHz)}$$

$$NT_s = \frac{1}{\Delta f} = 128 \text{ (μs)}$$

$$T_s = \frac{1}{N\Delta f} = 0.5 \text{ (μs)}$$

2.4 信号通过线性时不变系统

2.4.1 系统的分类

从本质上看，通信实际上是在噪声背景下信号通过系统的过程。所谓系统，一般是指若干相互关联、相互作用的事物按一定规律组合而成的具有特定功能的整体。实际生活中存在

各种各样的系统，如物理的、化学的、生物的、经济的。在分析属性各异的系统时，常常抽去具体系统的物理含义或社会含义而把它抽象为一个数学模型，然后用数学方法（或计算机仿真等））求出它的解答，并对所得结果赋予实际含义。需要注意的是，不同的物理系统经过抽象和近似，可能得到形式上完全相同的数学模型，也就是说，同一数学模型可以描述物理外貌截然不同的系统。

根据数学模型的不同，可对系统进行如下分类。

1．即时系统和动态系统

如果系统在任意时刻的输出仅取决于该时刻的输入，而与它过去的状态无关，就称其为即时系统（或无记忆系统）。例如，全部由无记忆元件（如电阻）组成的系统就是即时系统，即时系统可用代数方程描述。

如果系统在任意时刻的输出不仅与该时刻的输入有关，而且还与它过去的状态有关，就称之为动态系统（或记忆系统）。含有记忆元件（如电感、电容、寄存器等）的系统就是动态系统，动态系统可用微分方程或差分方程描述，本书主要讨论动态系统。

2．线性系统与非线性系统

具有叠加性和齐次性的系统称为线性系统。所谓叠加性是指当几个激励信号作用于系统时，总的输出响应等于每个激励信号单独作用所产生的响应之和。而齐次性的含义是，当输入信号乘以某常数时，输出响应也被乘相同的常数。

判断方法如下：

假设系统的输入与输出满足关系式：

$$y(t) = T\big[f(t)\big]$$

如果满足

$$T\big[af_1(t) + bf_2(t)\big] = aT\big[f_1(t)\big] + bT\big[f_2(t)\big] \tag{2-4-1}$$

则该系统为线性系统，不满足叠加性或齐次性的系统是非线性系统。

3．时变系统与时不变系统

时不变系统是指系统的特性不随时间变化的系统。其输出仅取决于系统的输入，而与输入施加于系统的时刻无关。或者说，当输入延迟一段时间接入系统时，其响应也延迟相同的一段时间，且信号波形不变。

判断方法如下：

假设系统的输入与输出满足关系式：

$$y(t) = T\big[f(t)\big]$$

当 $f_1(t) = f(t - t_0)$ 时，若满足

$$y_1(t) = T\big[f(t - t_0)\big] = y(t - t_0) \tag{2-4-2}$$

则该系统为时不变系统，否则为时变系统。

同时满足线性和时不变性的系统叫作线性时不变（Linear Time Invariant，LTI）系统，简称 LTI 系统。

LTI 系统是分析和研究信号与系统的基础，在 2.2 节和 2.3 节中我们提到：信号时域分析的基本思想是将任意信号分解为一系列不同强度的冲激信号的移位加权和；频域分析的基本思想是将任意信号分解为许多单一频率的正弦（虚指数）信号的组合。这种信号分解的思想，对于分析 LTI 系统特别有利，这是因为 LTI 系统具有线性和时不变性，我们只需研究单一信号通过系统后得到的响应，然后在系统的输出端将系统对各个单一信号的响应用同样的方式组合起来，就得到系统总的响应。本书仅讨论 LTI 系统。

4．因果系统与非因果系统

如果 $t < t_0$ 时，系统的激励信号等于零，相应的输出信号也等于零，则此系统称为因果系统；否则，即为非因果系统。显然，所有实际运行的物理系统都是因果系统。因此，因果系统也称为物理可实现系统。非因果系统虽不存在于客观世界，但研究它的数学模型有助于因果系统的分析。

借"因果"这一名词，常把 $t = 0$ 接入系统的信号（在 $t < 0$ 时函数值为零）称为因果信号（或有始信号）。

2.4.2　系统函数

系统特性常用系统函数来描述，其中系统在时域中的特性用 $h(t)$ 来描述，在频域中的特性用 $H(j\omega)$ 来描述，二者之间是一一对应的关系。

$h(t)$（称为冲激响应或脉冲响应）是指系统在输入为单位冲激函数 $\delta(t)$ 时的输出（响应）。若系统的输入为 $x(t)$，系统的输出为 $y(t)$，则它们之间的关系为

$$y(t) = h(t) * x(t) = \int_{-\infty}^{\infty} h(\tau)x(t-\tau)\mathrm{d}\tau \qquad (2\text{-}4\text{-}3)$$

式（2-4-3）表明，系统输出 $y(t)$ 等于输入信号 $x(t)$ 与系统冲激响应 $h(t)$ 的卷积。

$H(j\omega)$（称为系统函数、传输函数或转移函数）是冲激响应 $h(t)$ 的傅里叶变换，即

$$h(t) \leftrightarrow H(j\omega) \qquad (2\text{-}4\text{-}4)$$

设信号 $x(t)$ 和输出信号 $y(t)$ 的频谱函数分别为 $X(j\omega)$ 和 $Y(j\omega)$，根据傅里叶变换的卷积定理，LTI 系统的输入与输出之间的关系有时域和频域两种描述方式。

$$Y(j\omega) = F[y(t)] = F[h(t) * x(t)] = H(j\omega) \cdot X(j\omega)$$

于是得到

$$H(j\omega) = \frac{Y(j\omega)}{X(j\omega)} \qquad (2\text{-}4\text{-}5)$$

$H(j\omega)$ 和 $h(t)$ 分别描述了系统的频域和时域特性，它们与输入和输出的关系如图 2-4-1 所示。

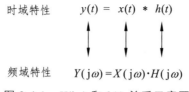

$$y(t) = x(t) * h(t)$$

频域特性 $Y(j\omega)=X(j\omega)\cdot H(j\omega)$

时域特性

图 2-4-1 $H(j\omega)$ 和 $h(t)$ 关系示意图

由于 $X(j\omega)$ 和 $Y(j\omega)$ 一般是复函数，因而 $H(j\omega)$ 通常也是一个复函数，记为

$$H(j\omega) = |H(j\omega)|e^{j\varphi(\omega)} \tag{2-4-6}$$

式（2-4-6）中，$|H(j\omega)|$ 表示系统的幅频特性，$\varphi(\omega)$ 表示系统的相频特性。

系统函数在系统分析中占有十分重要的地位，它不仅是连接输入和输出的纽带和桥梁，而且还可以用它来研究系统的稳定性。

2.4.4 无失真传输系统

一般情况下，信号通过线性系统，或多或少总存在失真，无失真传输系统是一种理想模型。信号的无失真传输，从时域来说，就是要求系统输出响应 $y(t)$ 的波形应当与系统输入激励号 $x(t)$ 的波形完全相同，而幅度大小可以不同，时间可以有所延迟，即

$$y(t) = kx(t-t_d) \tag{2-4-7}$$

通常将式（2-4-7）称为无失真传输的时域条件。其中，k 为常数，t_d 为延迟时间。满足上述无失真传输条件时，输出信号 $y(t)$ 的幅度比输入信号 $x(t)$ 放大 k 倍，输出信号的时间比输入信号 $x(t)$ 延迟了 t_d 秒，但波形形状不变，如图 2-4-2 所示。

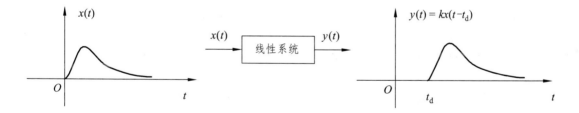

图 2-4-2 信号无失真传输的时域特性

从频域分析，若要保持系统无失真传输信号，利用傅里叶变换的时移特性，将式（2-4-7）两边进行傅里叶变换运算，可得到输出信号频谱和输入信号频谱之间的关系为

$$Y(j\omega) = kX(j\omega)e^{-j\omega t_d} = H(j\omega)\cdot X(j\omega) \tag{2-4-8}$$

整理式（2-4-8）得无失真传输系统的系统函数应满足

$$H(j\omega) = ke^{-j\omega t_d} \tag{2-4-9}$$

因此，系统无失真传输的频域条件是

$$\begin{cases} |H(j\omega)| = k \\ \varphi(\omega) = -\omega t_d \end{cases} \tag{2-4-10}$$

式（2-4-10）表明，若信号通过线性系统不产生幅度失真，则必须在信号的全部频带范围内，系统频率响应的幅度特性为一常数；而要使得信号不产生相位失真，则要求相位特性是一通过原点的直线，这两种情况分别如图 2-4-3（a）、（b）所示。

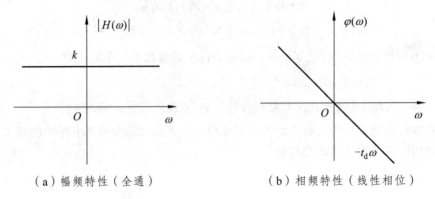

（a）幅频特性（全通）　　　　　　　　（b）相频特性（线性相位）

图 2-4-3　系统无失真传输的频率特性

幅频特性为直线易于理解，为何相频特性也是一条直线呢？这是因为，相位在时域的体现是信号的延时，显然，对于无失真传输，为保持信号波形的不变，要求系统对所有的频率分量（即信号分解得到的正弦或余弦信号）相位加权相同，即赋予了相同的相位附加值，也就是各频率分量的延时相同。

2.4.5　理想低通滤波器

在信号处理过程中，所处理的信号往往混有噪声，从接收到的信号中减弱或消除噪声是信号传输和处理中十分重要的问题。根据有用信号和噪声的不同特性，减弱或消除噪声并提取有用信号的过程称为滤波。实现滤波功能的系统称为滤波器。

根据滤波的原理，滤波器可分为模拟滤波器和数字滤波器，模拟滤波器利用电子元器件（如电阻、电容、电感或运算放大器等）来实现滤波；数字滤波器是利用计算机或大规模集成电路，按照预定的算法，对输入的数字信号进行运算处理，以达到改变信号频谱（滤波）的目的。

根据滤波器的功能，滤波器可分为低通滤波器（Low Pass Filter，LPF）、高通滤波器（High Pass Filter，HPF）、带通滤波器（Band Pass Filter，BPF）和带阻滤波器（Band Stop Filter，BSF）四种。每一种滤波器又有模拟滤波器（Analog Filter，AF）和数字滤波器（Digital Filter，DF）之分。

在通信系统中，经常应用低通滤波器滤出话音信号，理想低通滤波器是实际低通滤波器的理想模型，最经常用到的模型是具有矩形幅度特性和线性相位特性的滤波网络。这种滤波器的性能是：在某一频率范围内让信号完全通过；而在某一频率以外的信号被完全禁止通过。即在 $|\omega| < \omega_c$ 范围内让信号全部通过，而在 $|\omega| > \omega_c$ 范围，信号完全被抑制。

理想低通滤波器的系统函数为

$$H(\mathrm{j}\omega) = \begin{cases} \mathrm{e}^{-\mathrm{j}\omega t_0}, & |\omega| < \omega_c \\ 0, & |\omega| > \omega_c \end{cases} \qquad （2\text{-}4\text{-}11）$$

其幅频特性和相频特性如图 2-4-4 所示。

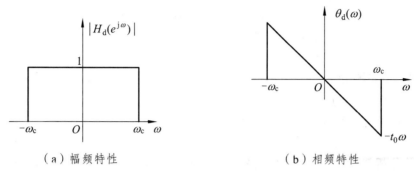

（a）幅频特性　　　　　　　　　　（b）相频特性

图 2-4-4　理想低通滤波器的频率特性

　　从图 2-4-4 所示的理想低通滤波器的频率特性可以看出，对于频率低于 ω_c 的所有信号，系统能无失真传输，而将频率高于 ω_c 的信号完全阻塞，无法传送。所以，$|\omega| < \omega_c$ 的频率范围称为通带；$|\omega| > \omega_c$ 的频率范围称为阻带，频率 ω_c 称为截止频率。

　　理想低通滤波器的系统函数 $H(\mathrm{j}\omega)$ 经傅里叶反变换运算，得到理想低通滤波器的冲激响应 $h(t)$，即

$$h(t) = \mathscr{F}^{-1}[H(\omega)] = \frac{1}{2\pi}\int_{-\infty}^{\infty} H(\omega)\mathrm{e}^{\mathrm{j}\omega t}\mathrm{d}\omega$$

$$= \frac{1}{2\pi}\int_{-\omega_c}^{\omega_c} \mathrm{e}^{-\mathrm{j}\omega t_0}\mathrm{e}^{\mathrm{j}\omega t}\mathrm{d}\omega \qquad （2\text{-}4\text{-}12）$$

$$= \frac{\omega_c}{\pi} Sa[\omega_c(t-t_0)]$$

式（2-4-12）中，$Sa(x) = \dfrac{\sin x}{x}$ 为抽样函数。因此，理想低通滤波器的冲激响应 $h(t)$ 是一个峰值位于 t_0 的抽样函数 $Sa(x)$，如图 2-4-5 所示。

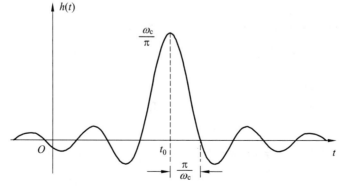

图 2-4-5　理想低通滤波器的冲激响应

本章小结

（1）按照不同标准，电路系统中的信号可分为连续时间信号和离散时间信号、周期信号和非周期信号、确知信号和随机信号、能量信号和功率信号、基带信号和频带信号等。

（2）信号时域分析的基本思想是将任意信号分解为一系列不同强度的冲激信号的移位加权和，信号频域分析的基本思想是将任意信号分解为以正弦（虚指数）信号为基础的各谐波分量的移位加权和。信号时域和频域转换的桥梁是傅里叶变换。

（3）单位冲激函数和单位阶跃信号在信号和系统分析中特别有用，经常用于描述信号在空间或时间坐标上集中于一点和信号本身有不连续点（跳变点）或其导数有不连续点的情况。

（4）卷积运算是一种特殊的积分运算，它起源于信号的分解，而应用于系统对信号的响应，利用傅里叶变换的相关性质可将积分运算变为代数运算，大大降低了积分运算量。

（5）相关分析就是分析两个不同信号间的相似性，或一个信号经过一段延迟后与自身的相似性。相关分析在时域上揭示了信号间有无内在联系。

（6）信号的频谱是通信原理中非常重要的概念，它描述了信号的振幅和相位随频率变化的特性。

（7）连续周期信号的傅里叶级数由无穷个与基波频率成整数倍的谐波分量叠加而成，而周期为 N 的周期序列的傅里叶级数仅有 N 个独立的谐波分量；周期序列的频谱 $X(k)$ 也是一个以 N 为周期的周期序列。

（8）将周期序列的离散傅里叶级数变换对和有限长序列的离散傅里叶变换对进行比较可见：有限长序列可以看成周期序列的一个周期；反之，周期序列可以看成有限长序列以 N 为周期的周期延拓。DFT 是将 DFS 取主值，DFS 是 DFT 的周期延拓。

（9）FFT 是用于 DFT 运算的高效快速算法的统称，它的出现解决了离散傅里叶变换计算量极大、不实用的问题，大大缩短了 DFT 的运算时间，其本质就是 DFT。

（10）根据数学模型的不同，系统可分为即时系统和动态系统、线性系统与非线性系统、时变系统与时不变系统、因果系统与非因果系统。本书主要讨论动态系统中的线性时不变的连续系统，其数学模型为常系数线性微分方程。实际中的系统一般为因果系统。

（11）描述 LTI 系统有三种形式：微分方程、单位冲激响应和系统函数。

（12）系统无失真传输的两个条件是：在信号的全部频带范围内，系统的幅频特性曲线是一条水平直线；相频特性是一条通过原点的直线。

（13）低通滤波器是构成其他滤波器的基础，理想低通滤波器是实际低通滤波器的理想模型，其在通带上具有单位增益和线性相位，在阻带上具有零响应。

习 题

1. 阶跃信号 $u(t)$ 和冲激信号 $\delta(t)$ 是奇异信号，引入这两种信号对于信号分析有什么方便之处？

2. 时域上的矩形信号，其傅里叶变换为 $Sa(t)$ 函数，频域上的矩形信号，其对应的时域信号波形应是什么形式？

3. 时域上的 $\delta(t)$ 函数,频域表示是什么特点? 频域上的 $\delta(\omega)$ 函数,时域表示有什么特点,有什么物理意义?

4. 时域上不同脉宽 τ 的矩形信号,其频域表示 $Sa(\omega)$ 函数特性有何不同?

5. 时域上的周期信号,截取其中一个周期,构成非周期信号。此周期信号和截取后的非周期信号,各自的傅里叶变换有什么联系和区别?

6. 频谱和频谱密度有什么区别?

7. 连续性周期信号的傅里叶级数(FS)与周期序列的离散傅里叶级数(DFS)有何不同? 周期序列的频谱 $X(k)$ 有何特点?

8. DFS 和 DFT 有何联系?

9. DFT 和 FFT 有何联系?

10. 信号通过系统后的响应,用时域方法求解和用频域方法求解有什么联系和区别? 什么情况下用什么方法求解比较方便?

11. 脉宽为 τ 的矩形脉冲信号,其傅里叶变换后的 $Sa(\omega)$ 函数第一个过零点在什么位置?

12. 信号 $f(t)$ 和一个角频率为 ω_0 的余弦信号在时域上相乘,在频域上发生了什么变化?

13. 简述抽样信号 $Sa(t)$ 的特点。

14. 利用冲激信号 $\delta(t)$ 的抽样特性,求下列表达式的函数值。

(1) $\int_{-\infty}^{\infty} f(t-t_0)\delta(t)\mathrm{d}t$

(2) $\int_{-\infty}^{\infty} f(\mathrm{e}^{-t}+t)\delta(t+2)\mathrm{d}t$

(3) $\int_{-\infty}^{\infty} f(t+\sin t)\delta\left(t-\dfrac{\pi}{6}\right)\mathrm{d}t$

(4) $\int_{-\infty}^{\infty} \mathrm{e}^{-\mathrm{j}\omega t}[\delta(t)-\delta(t-t_0)]\mathrm{d}t$

15. 判断下列系统是否为线性系统? 是否为时不变系统?

(1) $r(t)=\int_{-\infty}^{\infty} \mathrm{e}(\tau)\mathrm{d}\tau$

(2) $r(t)=e(1-t)$

(3) $r(t)=e^2(t)$

(4) $r(t)=\sin[e(t)]u(t)$

16. 利用相关公式,求以下信号的傅里叶变换。

(1) $t\mathrm{e}^{-at}u(t),\ (a>0)$

(2) $\mathrm{e}^{-at}\sin\omega_0 t\cdot u(t)$

(3) $Sa\left(\dfrac{\Omega t}{2}\right)=\dfrac{\sin\left(\dfrac{\Omega t}{2}\right)}{\dfrac{\Omega t}{2}}$

(4) $f(t)=u(t+1)-u(t-1)$

17. 系统传输函数为

$$H(\omega) = \frac{1}{j\omega + 2}$$

试求其冲激响应 $h(t)$。

18. 系统传输函数为

$$H(\omega) = \frac{1}{j\omega + 1}$$

当输入信号为 $f(t) = \sin t + \sin 3t$ 时，试求输出 $y(t)$。

19. 设某恒参信道的传递函数 $H(\omega) = K_0 e^{-j\omega t_d}$，$K_0$ 和 t_d 都是常数。试确定信号 $s(t)$ 通过该信道后输出信号的时域表达式，并讨论信号有无失真。

第 3 章　信道与噪声

【本章导读】

- 信道的定义和分类
- 信道特性对信号传输的影响
- 信道噪声的种类和特点
- 信息量和熵
- 信道容量和香农公式

3.1　信道的概念

通俗地讲，信道（channel）是信号传输的通道。具体地说，信道是指由有线或无线电线路提供的信号通路。抽象地说，信道是指定的一段频带，它让信号通过，同时又给信号以限制和损害。在通信系统中，信道传输特性的好坏直接影响通信系统的总特性。

根据信道的定义，信道可分为两类：狭义信道和广义信道。通常将仅指信号传输介质的信道称为狭义信道，如架空明线、双绞线、同轴电缆、光纤、微波、短波等。但在通信系统的分析研究中，为简化系统模型和突出重点，常把信道的范围适当扩大，除了传输介质外，还包括系统的有关部件和电路，如馈线、天线、混频器、放大器及调制解调器等，我们把这种扩大了的信道称为广义信道。在讨论通信的一般原理时，通常采用的是广义信道，狭义信道是广义信道的重要组成部分，通信效果的好坏在很大程度上依赖于狭义信道的特性。

关于信道和链路（link）的区别，一般认为，信道是由具有特定电气特性的传输媒质所构成的，如同轴电缆、双绞线、光纤、波导管等，信道上传输的内容我们一般称之为信号；而链路是指两节点之间建成的、为了传输数据的通路，这条通路中间很可能经过由不同物理传输介质构成的信道，如几条电缆、几条光纤，两节点之间一旦连通，就成了一条链路，链路上传输的内容我们一般称之为数据（data）。

3.2　信道分类

3.2.1　狭义信道

按具体传输介质的不同，狭义信道可分为：有线信道和无线信道。

1．有线信道

有线信道是指传输介质为架空明线、对称电缆、同轴电缆、光缆及波导管等能看得见的介质。有线信道是现代通信网中最常用的信道之一，如光缆广泛应用于干线（长途）传输，对称电缆则常用作近程（市内电话）传输。

2．无线信道

无线信道是指可以传输无线电波和光波（红外线、激光）的自由空间或大气。无线信道具有方便、灵活、通信者可移动的特点，在移动通信中只能采用无线信道，但其传输特性没有有线信道稳定可靠。无线电波自发射地点到接收地点主要有天波、地波、空间直线波3种传播方式（见图3-2-1）。其中，沿着地球表面传播的电波称为地波；靠大气层中的电离层反射传播的电波称为天波（又称电离层反射波）；在空间由发射地点向接收地点直线传播的电波称空间直线电波（又称直线波或视距波）。

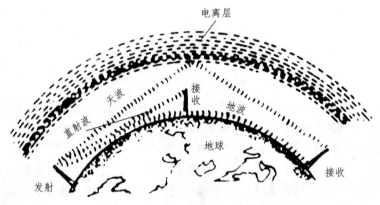

图 3-2-1　无线电传播方式示意图

3.2.2　广义信道

广义信道通常也可分成两种：调制信道和编码信道。

1．调制信道

调制信道是从研究调制和解调基本原理的角度提出的，调制信道的范围从调制器的输出端至解调器的输入端，如图3-2-2所示。从调制和解调的角度来看，从调制器的输出端至解调器的输入端的所有电路和传输介质，仅仅是对已调信号进行了某种形式的变换，我们只关心变换的最终结果，而不关心这个变换的过程。因此，在研究调制和解调的基本问题时，采用调制信道是方便和恰当的。

在调制信道中，按信道的参数分类，可分为恒参信道和变参信道。在表征信道特征时，常用的电气参数有特性阻抗、衰减频率特性、相移（时延）频率特性、电平波动、频率漂移、相位抖动等。如果这些参数变化量极微小、变化速度极缓慢，这种信道就称为恒参信道，如双绞线、同轴电缆、光纤、长波无线信道都可以认为是恒参信道。若这些参数随时间变化较快、变化量较大，这种信道就称为变参信道，如短波信道、超短波信道和微波信道等。

2．编码信道

在数字通信系统中，如果仅着眼于编码和译码问题，则可定义另一种广义信道——编码信道。编码信道的范围从编码器的输出端至译码器的输入端，即编码信道是包括调制信道及调制器、解调器在内的信道，如图 3-2-2 所示。从编译码角度来看，编码器输出为某一数字序列，译码器的输入为进行了某种变换的数字序列。因此，从编码器的输出端至译码器的输入端，所有电路和传输介质可以用一个能进行数字序列变换的信道加以概括，此信道称为编码信道。

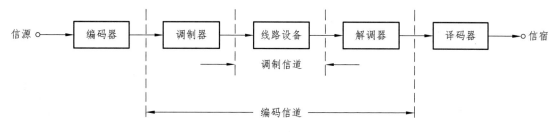

图 3-2-2　调制信道与编码信道

编码信道可细分为无记忆编码信道和有记忆编码信道。所谓无记忆信道是指每个输出符号只取决于当前的输入符号，而与其他输入符号无关。实际信道往往是有记忆的，即每个输出符号不但与当前输入符号有关，而且与以前的若干个输入符号有关。

综上所述，我们可以用表 3-2-1 归纳信道的分类情况。

表 3-2-1　信道分类表

狭义信道		广义信道			
有线信道	无线信道	调制信道		编码信道	
对称电缆、同轴电缆、光缆及波导管等	如短波、微波等	恒参信道	变参信道	无记忆编码信道	有记忆编码信道

根据研究对象和关心问题的不同，还可以定义其他形式的广义信道。

3.3　信道特性对信号传输的影响

对于信号传输而言,追求的是信号通过信道时不产生失真或者失真小到不易察觉的程度。而在实际的通信中,没有任何信道能毫无损耗地通过信号的所有频率分量,这是由于支持信道的传输媒介都存在固有的传输特性,即对信号的不同频率分量存在着不同程度的衰减和延时。信道传输特性可用信道的频率特性(也称为频响特性),即幅频特性和相频特性来表示。

在多数情况下,只关心信道的幅频特性,所以把输出信号的幅度与频率的变化曲线称为频率响应曲线,简称频响曲线。大多数信道的频响曲线都是带通型的。如图 3-3-1 所示。

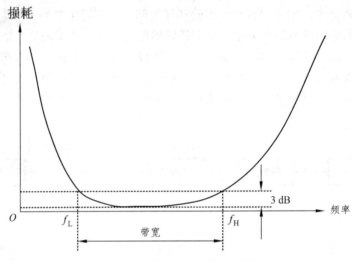

图 3-3-1　信道的幅频特性曲线

因信道的振幅-频率特性不理想,导致信号发生的失真称为频率失真。信号的频率失真会使信号的波形产生畸变。在传输数字信号时,波形畸变可能引起相邻码元波形之间发生部分重叠,造成码间串扰。信道的相位特性不理想将导致信号产生相位失真。相位失真对模拟话音通道影响并不显著,这是因为人耳对声音波形的相位失真不太灵敏,但对数字信号传输却不然,尤其当传输速率比较高时,相位失真将会引起严重的码间串扰,给通信带来很大损害。因此,在模拟通信系统内,往往只注意幅度失真和非线性失真,却忽略了相移失真。而在数字通信系统内,一定要重视相移失真对信号传输可能带来的影响。为了减小频率失真,可采取以下两种措施。

(1)严格限制已调制信号的频谱,使它保持在信道的线性范围内传输。

(2)通过增加一个线性补偿网络,使衰耗特性曲线变得平坦,这一措施通常称为"均衡"。

通信系统中,经常谈到信号带宽、系统带宽与信道带宽。信号带宽由信号频谱密度或功率频谱密度在频域的分布规律决定,系统带宽由系统的传输特性决定,信道带宽由信道的传输特性决定。

实际工作中用得比较多的是信号带宽和信道带宽。信号带宽是信号上限频率与下限频率之间的频带,信道带宽是上截止频率与下截止频率之间的频带。在图 3-3-1 中,以输出信号幅度的最大值为标准(一般是频响曲线中心频率所对应的值),定义输出幅值下降到最大值的

70% 时所对应的两个频率间的频段为信道带宽（也称通频带或 3 dB 带宽或半功率带宽），频率低的称为下截止频率，频率高的称为上截止频率。信号带宽越小有效性越好，如 SSB（单边带调制）信号有效性优于 FM（频率调制）信号；而信道带宽越大越好，如同轴电缆、光纤传输媒质比电话线带宽大，传输能力强。信号带宽和信道带宽的关系可以比喻成高速公路上的车与路的宽度，车越窄，路上可并行的车就越多，路的利用率越高。

3.4　信道中的噪声

噪声对于信号的传输是有害的，它能使模拟信号失真，使数字信号发生错码，并限制信息的传输速率。

按噪声和信号之间的关系，信道噪声有加性噪声和乘性噪声。假定信号为 $s(t)$，噪声为 $n(t)$，如果混合叠加波形是 $s(t) + n(t)$ 形式，则称此类噪声为加性噪声；如果叠加波形为 $s(t)[1 + n(t)]$ 形式，则称其为乘性噪声。加性噪声与有用信号毫无关系，它是不管有用信号的有无而独立存在的，其危害是不可避免的。乘性噪声随着有用信号的存在而存在，当有用信号消失后，乘性噪声也随之消失。对乘性噪声进行具体描述是相当复杂的，本节仅讨论信道中的加性噪声。

3.4.1　信道中的加性噪声

信道中加性噪声的来源是很多的，它们表现的形式也多种多样。根据它们的来源不同，一般可以粗略地分为四类。

1．无线电噪声

无线电噪声主要来源于各种用途的无线电发射机。这类噪声的特点是频率范围很宽，从甚低频到特高频都可能有无线电干扰存在，并且干扰的强度有时很大。不过，这类干扰的频率是固定的，因此可以预先设法防止或避开。

2．工业噪声

工业噪声主要来源于各种电气设备，如电力线、点火系统、电车、电源开关、电力铁道、高频电炉等。这类噪声的特点是频谱集中于较低的频率范围，如几十兆赫兹以内。因此，选择高于这个频段工作的信道就可避免受到它的干扰。

3．自然噪声

自然噪声主要来源于自然界存在的各种电磁波源，如闪电、大气中的电暴、银河系噪声及其他各种宇宙噪声等。这类噪声的特点是频谱范围很宽，并且不像无线电干扰那样频率是固定的，因此，对其产生的干扰影响很难防止。

4．内部噪声

内部噪声主要来源于系统设备本身产生的各种噪声，如在电阻一类的导体中自由电子的热运动、真空管中电子的起伏发射和半导体载流子的起伏变化等。因此，内部噪声又称起伏噪声。

3.4.2　通信中的常见噪声

在通信系统的理论分析中常用到的噪声有：白噪声、高斯噪声、高斯白噪声、窄带高斯噪声和正弦信号加窄带高斯噪声。

1．白噪声

所谓白噪声，是指它的功率谱密度函数在整个频域内是常数，即服从均匀分布，如图 3-4-1 所示。之所以称它为"白"噪声，是因为它类似于光学中包括全部可见光频率在内的白光。

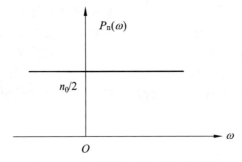

图 3-4-1　白噪声的功率谱密度函数

2．高斯噪声

所谓高斯噪声，是指它的概率密度函数服从正态分布（也称作高斯分布）的一类噪声，如图 3-4-2 所示。

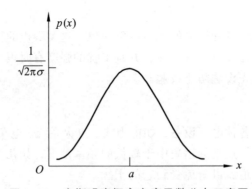

图 3-4-2　高斯噪声概率密度函数分布示意图

3．高斯白噪声

我们已经知道，白噪声是指功率谱密度均匀的一类噪声，高斯噪声是指概率密度函数呈正态分布的一类噪声。所谓高斯白噪声是指噪声同时具备概率密度函数正态分布和功率谱密度函数均匀分布的一类噪声。

热噪声的频率可以高到 10^{13} Hz,且功率谱密度函数在 $0 \sim 10^{13}$ Hz 基本均匀分布,同时其统计特性服从高斯分布,故常将热噪声称为高斯白噪声。

4．窄带高斯噪声

信道是为携带信息的信号提供一定带宽的通道,其作用一方面是让信号畅通无阻,另一方面是最大限度地抑制带外噪声。所以实际的信道往往是一个带通系统。当高斯噪声通过以 f_c 为中心频率的窄带系统时,就会形成窄带高斯噪声。所谓窄带系统是指系统的频带宽度 Δf 远远小于其中心频率 f_c 的系统,即 $\Delta f \ll f_c$ 的系统。

窄带高斯噪声的特点是频谱局限在 f_c 附近很窄的频率范围内,其包络和相位都在缓慢随机变化。如用示波器观察其波形,应是一个频率近似为 f_c,包络和相位随机变化的正弦波。窄带高斯噪声的频谱和波形示意图如图 3-4-3 所示。

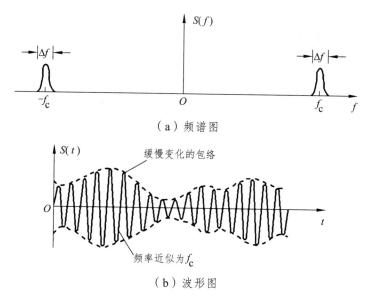

（a）频谱图

（b）波形图

图 3-4-3　窄带高斯噪声的频谱和波形示意图

3.5　信道容量和香农公式

当一个信道受到加性噪声干扰且传输信号功率和信道带宽受限时,信道传输数据的能力将会如何呢? 要回答这个问题,必须了解信道容量的概念及香农公式。在介绍信道容量和香农公式前,先介绍一下信息量的概念。

3.5.1　离散信源的信息量

生活中,我们经常遇到"信息量大小"的问题。例如,"吐鲁番下大雨了"这句话的信息量就比较大。为什么呢? 因为从统计上讲,吐鲁番明天不下雨的概率为98%。而"太阳从东方升起来了"这句话就没有信息量，因为太阳从东方升起的发生概率为1（百分之百发生）。可见，信息量与消息发生的概率有关，概率越大，信息量越小，反之亦然。

假设某离散消息 x_i 发生的概率为 $P(x_i)$，则信息量 I 可表示为

$$I = \log_a \frac{1}{P(x_i)}$$

（3-5-1）

信息量的单位和式（3-5-1）中对数的底 a 有关。如果 $a = 2$，则信息量的单位为比特（bit）；如果 $a = e$，则信息量的单位为奈特（nat）；如果 $a = 10$，则信息量的单位为哈特（Hat）。通常 a 的取值都是2，即用比特作为信息量的单位。

【例 3-5-1】某离散信源由 A、B、C、D 四个符号组成，它们出现的概率分别为 1/4、1/8、1/2、1/8，且每个符号的出现都是独立的。求消息"AACBDACBDDACDDABADCDABADCDC"的信息量。

解：由信息量的计算公式可知：

$$I_A = \log_2 \frac{1}{1/4} = 2 \text{ (bit)}$$

这段消息中，"A"出现了8次，"B"出现了4次，"C"出现了6次，"D"出现了9次，故该消息的信息量

$$I = 8\log_2 4 + 4\log_2 8 + 6\log_2 2 + 9\log_2 8 = 61 \text{（bit）}$$

以上我们讨论了离散信源的信息量。关于连续信源的信息量可以用概率密度函数来描述，这里不再赘述，读者可参考相关资料。

3.5.2　信道容量

从信息论的角度看，可把信道分为离散信道（近似可理解为数字信道）和连续信道（近似可理解为模拟信道）两种。所谓离散信道就是输入与输出信号都是取值离散的时间函数；而连续信道是指输入和输出信号都是取值连续的时间函数。

信道容量是指信道无差错传输信息时的最大信息速率，记为 C。信道容量反映了信道传输信息能力的极限。信道容量与实际信息传输速率的关系，就像高速公路上的最大限速与汽车的实际速度的关系一样。

1．离散信道的信道容量

离散信道的信道容量可由奈奎斯特公式计算得到。1924年，奈奎斯特推导出无噪声有限带宽离散信道的最大数据传输速率公式，即奈奎斯特无噪声下的码元速率极限值 R_B 与信道带宽 B 的关系如下：

$$R_B = 2 \times B$$

离散无噪声信道的信道容量计算公式（奈奎斯特公式）为

$$C = 2 \times B \times \log_2 N \text{（bps）}$$

其中 N 表示进制数。

正是因为数字通信中带宽与信息速率或码元速率有上述关系，因此，数字通信系统中"带宽"的含义与模拟通信系统的带宽不同，常用信息速率来描述带宽。带宽越大，单位时间内数字信息的流量也越大。

2．连续信道的信道容量

连续信道的信道容量可由香农公式计算得到。1948 年，香农把奈奎斯特公式进一步扩展到了信道受到随机噪声干扰的情况，即香农公式。

假设连续信道的加性高斯白噪声功率为 N（W），信道的带宽为 B（Hz），信号功率为 S（W），则该信道的信道容量为

$$C = B \log_2 \left(1 + \frac{S}{N}\right) \quad (\text{bps})$$

香农公式表明了当信号与作用在连续信道上的噪声的平均功率给定时，具有一定频带宽度 B 的信道上，理论上单位时间内传输的信息量的极限数值。

通过香农公式可以得到以下重要结论。

（1）在给定 B 和 S/N 的情况下，信道的极限传输能力为 C，而且此时能够做到无差错传输（即差错率为零）。如果信道的实际传输速率大于 C 值，则无差错传输在理论上就已不可实现了。因此，实际信息传输速率 R_b 一般不能大于信道容量 C，除非允许存在一定的差错率。

（2）当信道的传输带宽 B 一定时，接收端的信噪比 S/N 越大，其系统的信道容量 C 越大。当噪声功率 N 趋近 0 时，信噪比 S/N 趋近 ∞，信道容量 C 也趋近 ∞。

（3）当接收端的信噪比 S/N 一定时，信道的传输带宽 B 越大，其系统的信道容量 C 也越大。当信道带宽 B 趋于 ∞ 时，信道容量 C 并不趋于 ∞，而是趋于一个固定值。因为当信道带宽越大时，进入信道中的噪声功率也越大，因而信道容量不可能趋于 ∞。

（4）当信道容量 C 一定时，信道带宽 B 与信噪比 S/N 可以互换。例如，可以通过增加系统的传输带宽来降低接收机对信噪比的要求，即以牺牲系统的有效性来换取系统的可靠性。例如，在宇宙飞行和深空探测时，接收信号的功率 S 很微弱，就可以用增大带宽 B 和比特持续时间 T_b 的办法，保证对信道容量 C 的要求。同时，这也正是扩频通信技术的理论基础。

【例 3-5-2】 已知彩色电视图像信号每帧有 50 万个像素，每个像素有 64 种色彩度，每种色彩度有 16 个亮度等级。所有彩色度和亮度等级独立地以等概率出现，图像每秒发送 100 帧。若要求接收图像信噪比不低于 30 dB，试求所需传输带宽。

解：由于每个像素的所有彩色度和亮度等级独立地以等概率出现，故每个像素的信息量为

$$I_p = \log_2 \frac{1}{P(x_i)} = \log_2 \frac{1}{\frac{1}{64 \times 16}} = 10 \quad (\text{bit})$$

每帧图像的信息量为

$$I_f = 500\ 000 \times I_p = 5 \times 10^6 \quad (\text{bit})$$

因为每秒传输 100 帧图像，所以要求传输速率为

$$R_b = 100 I_f = 5 \times 10^8 \quad (\text{bps})$$

信道的容量 C 必须不小于 R_b 值。即

$$C \geqslant R_b = 5 \times 10^8 \text{（bps）}$$

因为信噪比 $SNR_{dB} = 10\lg\dfrac{S}{N} = 30$ dB，可得 $\dfrac{S}{N} = 1000$

根据香农公式 $C = B\log_2\left(1 + \dfrac{S}{N}\right)$

可得

$$B = \frac{C}{\log_2\left(1+\dfrac{S}{N}\right)} = \frac{5 \times 10^8}{\log_2\left(1 + 1\,000\right)} \approx 50 \text{（MHz）}$$

需要说明的是，香农公式给出了信道传输的理论极限，但并未对如何达到或者接近这一理论极限给出具体的实现方案，但这并不影响香农定理在通信系统理论分析和工程实践中所起的重要指导作用。实际应用中，通常采用编码和调制技术来使系统接近香农公式的理论极限。

本章小结

（1）信道是信号传输的通道，或者说信道是指定的一段频带，它让信号通过，同时又给信号以限制和损害。通常将仅指信号传输介质的信道称为狭义信道，但在通信系统的分析研究中，为简化系统模型和突出重点，常把信道的范围适当扩大，除了传输介质外，还包括有关的变换装置，我们把这种扩大了的信道称为广义信道。

（2）狭义信道中，通常按具体传输介质的不同分为有线信道和无线信道。有线信道是指传输介质为架空明线、对称电缆、同轴电缆、光缆及波导管等能看得见的介质，无线信道是指传输介质为自由空间的信道。

（3）广义信道通常分成调制信道和编码信道两种。调制信道的范围从调制器的输出端至解调器的输入端，编码信道的范围从编码器的输出端至译码器的输入端。

（4）信道中的噪声包括加性噪声和乘性噪声两种。其中，白噪声是指功率谱密度函数在整个频域内为常数（即服从均匀分布）的一类噪声，高斯噪声是指概率密度函数服从高斯分布（即正态分布）的一类噪声，高斯白噪声是指噪声同时具备概率密度函数正态分布和功率谱密度函数均匀分布的一类噪声。

（5）消息中包含的信息量与消息发生的概率有关，信息量的常用单位是比特。

（6）信道容量是指信道无差错传输信息的最大信息速率，是信道传输信息能力的极限，它与信道上实际的信息传输速率的关系就像高速公路上的最大限速与汽车实际速度的关系。

（7）香农公式表明了当信号与作用在连续信道上噪声的平均功率给定时，具有一定频带宽度的信道上，理论上单位时间内可能传输的信息量的极限数值。

习　题

1. 消息中包含的信息量与什么因素有关？

2. 信道的定义是什么？

3. 什么是狭义信道？什么是广义信道？

4. 什么是调制信道？什么是编码信道？试分别画出其模型。

5. 信道无失真传输的条件是什么？

6. 什么是信道噪声？

7. 什么是加性噪声？什么是乘性噪声？

8. 什么是白噪声？什么是高斯噪声？什么是高斯白噪声？

9. 信道容量是如何定义的？

10. 试写出香农公式。由此式看出信道容量的大小决定于哪些参数？

11. 结合所学内容，谈一下你对"带宽"的理解。

12. 设英文字母 a、b、c、d 出现的概率各为 0.025、0.100、0.001、0.002，试分别求出它们的信息量。

13. 某信源的符号集由 A、B、C、D、E、F 组成，设每个符号独立出现，其概率分别为 1/4、1/4、1/16、1/8、1/16、1/4，试求该信源的平均信息量。

14. 已知某标准音频线路的带宽为 3.4 kHz。

（1）若要求信道的信噪比为 30 dB，这时的信道容量是多少？

（2）若信道的最大信息传输速率为 4 800 bps，则所需的最小信噪比为多少？

15. 已知某黑白电视图像大约由 3×10^5 个像素组成，假设每个像素有 10 个亮度等级，且它们出现的概率是均等的。若要求每秒传送 30 帧图像，而满意地再现图像所需的信噪比为 30 dB。试求传输此电视信号所需的最小带宽。

第4章 模拟调制系统

【本章导读】

- 调制的基本概念
- AM 信号的时域波形和频谱
- 相干解调和非相干解调
- 角度调制的特点
- 各种模拟调制系统的特点

4.1 调制的作用和分类

4.1.1 调制的概念

所谓调制，就是用待传输的基带信号控制高频载波的某个参数的过程，即将基带信号"附加"到高频载波信号之上的过程。通常，将待传输的基带信号称为调制信号；被调制的高频信号起着运载基带信号的作用，称为载波信号；调制后所得到的信号称为已调信号（也叫频带信号），显然，它应该包含有基带信号的全部信息。

调制是通过调制器来实现的，调制器的模型如图 4-1-1 所示。

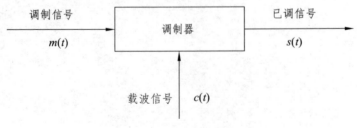

图 4-1-1 调制器的一般模型

4.1.2　调制在通信过程中的地位和作用

通信系统中为什么要进行调制呢？基带信号对载波信号的调制是为了实现下面一个或多个功能。

1．适合信道传输要求

由信源产生的基带信号，其频谱位于零频附近。然而实际中的大多数信道具有带通型特性，而不能直接传送基带信号。为了使基带信号能够在带通信道中传输，就必须采用调制，调制可以把基带信号频谱搬移到一定的频率范围内，以适应信道的传输要求。

2．提高信号频率以便于天线辐射

进行无线通信时，只有当天线的长度 L 与发射信号的波长 λ 相比拟（一般为 $\lambda/4$ 左右）时，信号才能有效地辐射出去。由于基带信号包含有较低的频率分量，其波长较长，致使天线过长而难以实现。

调制可以将低频的基带信号变换成高频信号。例如，对于 3 kHz 的音频基带信号，若要直接无线传输，需要的天线尺寸约为 25 km，显然，这是难以实现的。但通过调制，将基带信号的频谱搬移至 30 MHz，则只需 2.5 m 的天线就可以实现有效辐射。

3．实现多路复用，提高信道利用率

基带信号的带宽与信道本身的带宽相比，一般来说是很小的。所以一个信道只传输一路信号是很浪费的，但是如果不经过变换就同时传输多路信号，就会引起信号之间的相互干扰。解决办法之一就是通过调制将各个基带信号的频谱分别搬移到不同的频带上，然后将它们合在一起送入同一个信道传输。这样就可以实现同一信道同时传输多路信号，即信道的多路复用，从而提高信道的利用率。

4．减少噪声和干扰的影响，提高系统抗干扰能力

通信系统中噪声和干扰的影响不可能完全消除，但是可以通过选择适当的调制方式来减少它们的影响。不同的调制方式在提高传输的有效性和可靠性方面各有优势。可以利用调制的方法使已调信号的传输带宽远大于基带信号的带宽，利用增加带宽（扩频）的方法换取噪声影响的减少，这是通信系统设计的一个重要内容。例如，调频信号的传输带宽比调幅信号的传输带宽要宽得多，结果是提高了输出信噪比，减少了噪声的影响。

4.1.3　调制的分类

调制的本质是频谱搬移，这一过程靠调制器完成。也就是说，调制有三个基本要素：调制信号、高频载波信号和调制器。根据这三者的不同可以将调制分为以下几种。

1．根据调制信号分类

根据调制信号的不同，调制可分模拟调制和数字调制。

模拟调制是指调制信号是幅度连续变化的模拟量；数字调制是指调制信号是幅度离散的数字量。

2．根据载波信号分类

根据载波信号的不同，调制可分为连续波调制和脉冲调制。

连续波调制是指以高频正弦波为载波的调制方式；脉冲调制是指以周期性脉冲序列（串）为载波的调制方式（理想情况下为一个理想冲激序列）。

3．根据载波受控制参数分类

载波参数有幅度、频率和相位，因此调制可分为幅度调制、频率调制和相位调制。

（1）幅度调制。载波信号的幅度随调制信号的变化而变化，如常规双边带调幅（AM）、脉冲振幅调制（PAM）、振幅键控（ASK）等。

（2）频率调制。载波信号的频率随调制信号的变化而变化，如调频（FM）、脉冲频率调制（PFM）、频率键控（FSK）等。

（3）相位调制。载波信号的相位随调制信号的变化而变化，如调相（PM）、脉冲相位调制（PPM）、相位键控（PSK）等。

4．根据调制器的传输函数分类

根据调制器的传输函数的不同，调制可分为线性调制和非线性调制。

线性调制是指输出的已调信号的频谱与输入基带信号的频谱之间是线性关系，即仅仅是频谱的平移和线性变换，如各种幅度调制、幅移键控（ASK）。

非线性调制是指输出的已调信号的频谱与输入基带信号的频谱之间无线性对应关系，即在输出端，已调信号的频谱已不再是原来基带信号的谱形，如调频（FM）、调相（PM）、相位键控（PSK）等。

4.2　幅度调制

在模拟调制系统中，载波 $c(t)$ 一般为高频正弦信号，它可表示为 $c(t)=A\cos(\omega_c t+\varphi_0)$。其中，$A$ 为载波幅度，ω_c 为载波角频率（简称载频），φ_0 为载波初始相位（为简化描述同时不失一般性，我们假设 $\varphi_0=0$）。

幅度调制是用调制信号去控制正弦载波的振幅，使其按调制信号做线性变化的过程。幅度调制是一种线性调制，其线性的含义是指已调信号的频谱与基带信号的频谱之间呈线性搬移关系。

幅度调制分为常规双边带幅度调制（AM）、抑制载波双边带幅度调制（DSB-SC）、单边带幅度调制（SSB）和残留边带幅度调制（VSB）。

4.2.1　常规双边带幅度调制（AM）

1．AM调制系统的数学模型和系统框图

若调制信号为 $m(t)$，已调信号为 $s(t)$，则常规双边带幅度调制的数学模型为

$$s(t) = [m(t) + A_0] \cos \omega_c t \qquad\qquad (4\text{-}2\text{-}1)$$

式中，A_0 为外加的直流分量，且应满足 $A_0 \geqslant |m(t)|_{max}$。

AM 调制系统如图 4-2-1 所示。

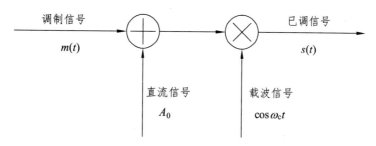

图 4-2-1 AM 调制系统

2．AM 信号时域的波形和频域的频谱

AM 信号时域的波形和频域的频谱如图 4-2-2 所示。

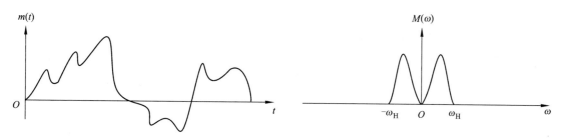

（a）调制信号时域波形及其频谱结构

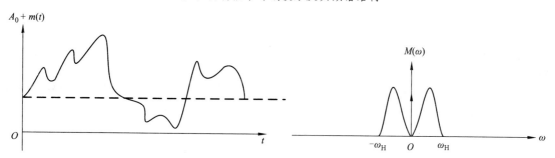

（b）加入直流分量后的调制信号时域波形及其频谱结构

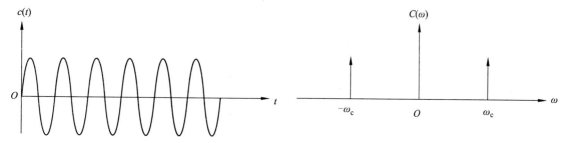

（c）调制载波时域波形及其频谱结构

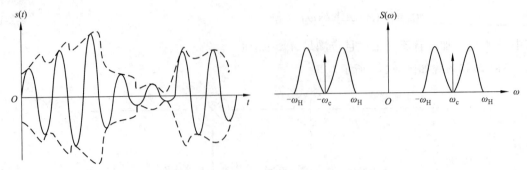

（d）AM 调幅信号时域波形及其频谱结构

图 4-2-2　AM 信号时域的波形和频域的频谱

由时域的波形和频域的频谱结构，可以看到：

（1）由于满足 $A_0 \geqslant |m(t)|_{\max}$，AM 信号的包络与调制信号 $m(t)$ 具有线性关系，即 AM 的包络完全反映了调制信号的变化规律。因此，用包络检波的方法很容易恢复出原始的调制信号。

（2）AM 信号的频谱结构与调制信号完全相同，只是信号频谱的位置发生了变化。因此，AM 调制属于线性调制。

（3）AM 信号的频谱由上边带、下边带和载波分量（ω_c 处）三部分组成。上、下两个边带的结构是完全对称的，因此，无论是上边带还是下边带，都包含有原调制信号的完整信息。但 ω_c 处的冲激与调制信号无关，即不携带调制信号的信息，但是要消耗大量功率。

（4）AM 信号的带宽是调制信号带宽的 2 倍。

4.2.2　抑制载波双边带幅度调制（DSB-SC）

如前所述，常规双边带调幅系统的已调信号由载波分量和边带分量组成，其中载波分量需要消耗大量的功率但却不携带调制信号的任何信息，为了节省发射功率，在发送端将已调信号中的载波分量抑制掉，这就成了抑制载波的双边带调幅。由于在常规双边带已调信号中的载波分量与调制时的直流分量有关，故抑制载波双边带调幅系统在进行调制时只要消除直流分量，便可以达到抑制载波的目的。

1．DSB-SC 调制系统的数学模型和系统框图

若调制信号为 $m(t)$，已调信号为 $s(t)$，则抑制载波双边带幅度调制的数学模型为

$$s(t) = m(t)\cos\omega_c t \tag{4-2-2}$$

抑制载波双边带幅度调制系统如图 4-2-3 所示。

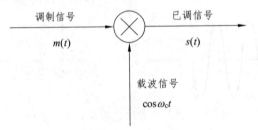

图 4-2-3　DSB-SC 调制系统的框图

2．DSB-SC 信号时域的波形和频域的频谱

DSB-SC 信号时域的波形和频域的频谱如图 4-2-4 所示。

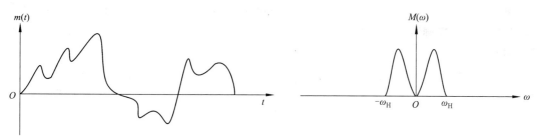

（a）调制信号时域波形及其频谱结构

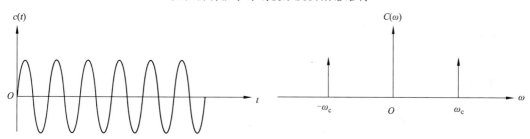

（b）调制载波时域波形及其频谱结构

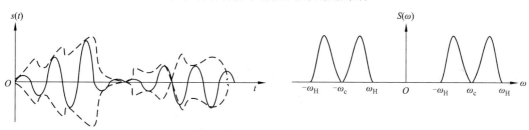

（c）DSB-SC 信号时域波形及其频谱结构

图 4-2-4　DSB-SC 信号时域的波形和频域的频谱

由时域的波形和频域的频谱结构，可以看到：

（1）DSB-SC 信号波形的包络不再与调制信号 $m(t)$ 成线性关系，而是按 $|m(t)|$ 的规律变化〔即当调制信号 $m(t)$ 改变极性时，已调信号将出现反相点〕。因此，接收端不能用包络检波来恢复原始的调制信号。

（2）与 AM 信号的频谱相比，DSB-SC 信号的频谱没有载波分量，仅由上边带和下边带组成，故 DSB-SC 信号是不带载波的双边带信号，DSB-SC 信号的传输带宽仍是调制信号带宽的两倍，即与 AM 信号的带宽相同。

（3）DSB-SC 信号的频谱结构与调制信号完全相同，区别仅是信号的频谱位置不同。因此，DSB 调制也为线性调制。

4.2.3　单边带幅度调制（SSB）

在 DSB-SC 信号中，由于其上、下两个边带是完全对称的，并且都携带了调制信号的全

部信息，因而仅传输其中的一个边带即可。这样既节省发送功率，又可以节省一半传输频带。这种只传输一个边带（上边带或下边带）的调制方式称为单边带幅度调制。

  单边带信号可通过滤波法来实现，即先将调制信号按照抑制载波双边带的方式进行调制，然后利用滤波器滤除抑制载波双边带中的某一个边带，从而得到单边带调幅信号，其调制原理如图 4-2-5 所示。

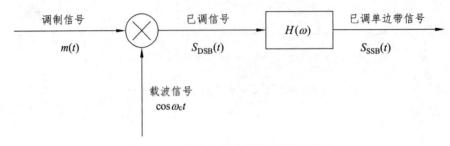

图 4-2-5 单边带幅度调制的原理框图

图 4-2-5 中，$H(\omega)$ 为单边带滤波器的传输函数，若它具有如下理想高通特性：

$$H(\omega) = \begin{cases} 1, & |\omega| > \omega_c \\ 0, & |\omega| \leqslant \omega_c \end{cases} \qquad (4\text{-}2\text{-}3)$$

则可滤除下边带，保留上边带；若 $H(\omega)$ 具有如下理想低通特性：

$$H(\omega) = \begin{cases} 1, & |\omega| < \omega_c \\ 0, & |\omega| \geqslant \omega_c \end{cases} \qquad (4\text{-}2\text{-}4)$$

则可滤除上边带，保留下边带。图 4-2-6 所示为用滤波法产生上边带信号的频谱图。

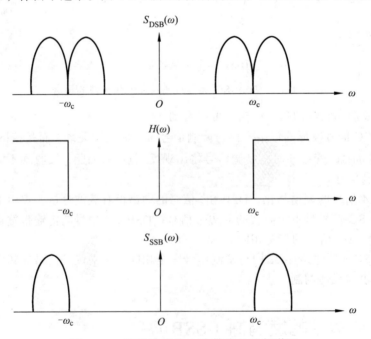

图 4-2-6 滤波法形成上边带信号的频谱图

　　滤波法的技术难点是边带滤波器的制作。因为实际滤波器都不具有如式（4-2-3）或式（4-2-4）所描述的理想特性，即在载频 f_c 处不具有陡峭的截止特性，而是有一定的过渡带。幸好有些信号的低频分量不多，如语音信号频谱范围为 300 ~ 3 400 Hz，如果载频 f_c 不太高，当对话音 DSB-SC 频谱要抑制掉一个边带时，因其下边带距载频 f_c 有 300 Hz 空隙，在 600 Hz 过渡带与不太高的载频情况下，实际滤波器可以较为准确地实现 SSB 信号。传统的载波电话就采用了这种方式实现了 SSB 信号。

　　但当调制信号中含有直流及低频分量时（如图像信号），滤波法就不再适用了，而只能使用相移法。关于相移法的原理，这里不再赘述，有兴趣的读者可查阅相关参考资料。

4.2.4　残留边带幅度调制（VSB）

　　残留边带幅度调制是介于 SSB 与 DSB-SC 之间的一种折中方式，它既克服了 DSB-SC 信号占用频带宽的缺点，又解决了 SSB 信号实现中的困难。

　　在这种调制方式中，不像 SSB 中那样完全抑制 DSB-SC 信号的一个边带，而是逐渐切割，使其残留一小部分，如图 4-2-7 所示。

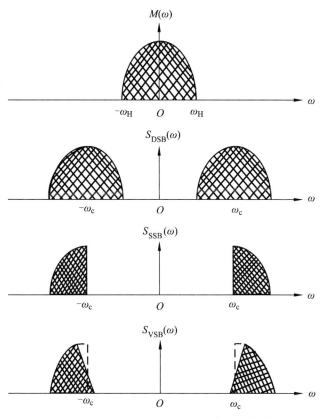

图 4-2-7　DSB、SSB 和 VSB 信号的频谱

　　用滤波法实现残留边带调制的原理框图如图 4-2-8 所示，可以看出，它与图 4-2-5 基本相同。不过，图 4-2-8 中滤波器的特性 $H(\omega)$ 应按残留边带调制的要求来进行设计，而不再要求

十分陡峭的截止特性，因而它比单边带滤波器容易制作。

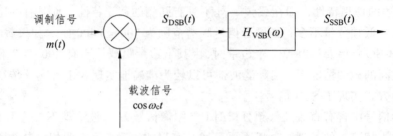

图 4-2-8　滤波法实现残留边带幅度调制的原理框图

残留边带调制在节省带宽方面几乎与单边带系统相同，并具有良好的基频基带特性，因此，对于电视信号或低频分量丰富的信号，采用残留边带调制是一种标准的办法。残留边带滤波器比要求具有陡峭截止特性的单边带滤波器简单得多。可以说，残留边带调制综合了单边带和双边带的优点，消除了它们的缺点。

4.3　调幅信号的解调

解调是调制的逆过程，其作用是从接收的已调信号中恢复出原始的基带信号（即调制信号）。解调方式有两种：相干解调（又叫同步检波）和非相干解调（又叫包络检波）。相干解调适用于所有幅度调制信号的解调，非相干解调一般只适用于 AM 信号的解调。

4.3.1　相干解调

相干解调的实质与调制一样，均是实现信号的频谱搬移。调制是把基带信号的频谱搬移到了载频位置，解调则是调制的反过程，即把位于载频位置的已调信号的频谱搬回到原始基带位置。因此，相干解调器可用相乘器与相干载波（与发端载波严格同频同相）相乘来实现。相干解调器的一般模型如图 4-3-1 所示。

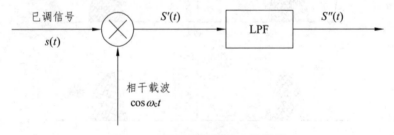

图 4-3-1　相干解调器的一般模型

1．AM 信号的解调

由于 AM 信号的表达式为

$$s(t) = [m(t) + A_0] \cos \omega_c t \qquad (4\text{-}3\text{-}1)$$

将 $s(t)$ 与同频同相的 $\cos \omega_c t$ 相乘后可得

$$s'(t) = s(t) \cos \omega_c t = [m(t) + A_0] \cos^2 \omega_c t$$

$$= \frac{1}{2} A_0 + \frac{1}{2} m(t) + \frac{1}{2} A_0 \cos 2\omega_c t + \frac{1}{2} m(t) \cos 2\omega_c t \qquad (4\text{-}3\text{-}2)$$

上式中包含直流分量 $\frac{1}{2} A_0$、调制信号 $\frac{1}{2} m(t)$、载波的二次谐波分量 $\frac{1}{2} A_0 \cos 2\omega_c t$，以及位于 $\pm 2\omega_c$ 附近的边带分量 $\frac{1}{2} m(t) \cos 2\omega_c t$。其中，只有直流分量和调制信号才能够通过低通滤波器 LPF，故解调器的输出为

$$s''(t) = \frac{1}{2} A_0 + \frac{1}{2} m(t) \qquad (4\text{-}3\text{-}3)$$

通过"隔直通交"的电容后，即可得到无失真的调制信号 $m(t)$。

AM 相干解调的时域波形与频谱结构如图 4-3-2 所示。

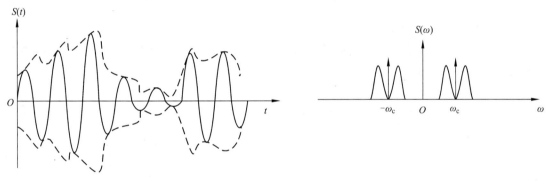

（a）进入解调器之前的调幅信号波形及频谱

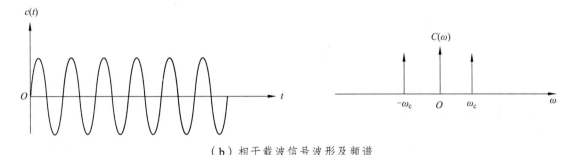

（b）相干载波信号波形及频谱

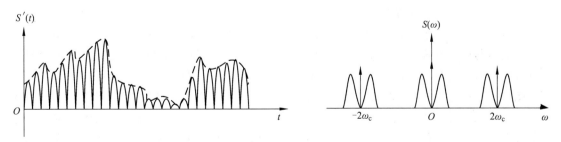

（c）模拟乘法器输出信号波形及频谱

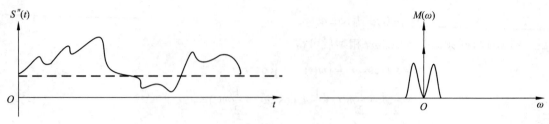

（d）低通滤波器输出信号波形及频谱

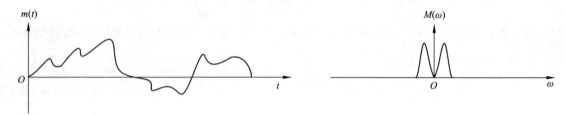

（e）去除直流恢复的调制信号波形及频谱

图 4-3-2　AM 相干解调的时域波形与频谱结构示意图

2．DSB-SC 信号的解调

DSB-SC 信号的相干解调情况和调幅信号的解调基本相同，只是此时 $A_0 = 0$，故式（4-3-2）可写成

$$s'(t) = \frac{1}{2}m(t) + \frac{1}{2}A_0 \cos 2\omega_c t \tag{4-3-4}$$

上式中包含调制信号 $\frac{1}{2}m(t)$，以及位于 $\pm 2\omega_c$ 附近的边带分量 $\frac{1}{2}m(t)\cos 2\omega_c t$。因此通过低通滤波器 LPF 的输出为

$$s''(t) = \frac{1}{2}m(t) \tag{4-3-5}$$

这就是 DSB-SC 信号相干解调后恢复的调制信号。

4.3.1　非相干解调

所谓非相干解调，就是在接收端解调已调信号时不需要相干载波，而是利用已调信号的包络信息来恢复原来的调制信号。

最常用的非相干解调器是包络检波器。所谓包络检波器就是这样一种电路：当其输入端加有已调信号时，其输出信号正比于输入信号的包络。在幅度调制系统中，由于只有 AM 信号的包络与基带信号成正比，因此，包络检波器只对 AM 信号的非相干解调适用。

图 4-3-3 为包络检波器的具体电路，它由二极管 VD、电阻 R 和电容 C 组成。其工作原理是：在输入信号的正半周期，二极管正偏，电容 C 充电并迅速达到输入信号的峰值；当输入信号低于这个峰值时，二极管进入反偏状态，电容 C 通过负载电阻缓慢地放电，放电过程

将一直持续到下一个正半周期；当输入信号大于电容两端的电压时，二极管再次导通，重复以上过程。

需要注意的是，RC 应满足条件

$$\omega_m \ll \frac{1}{RC} \ll \omega_c \qquad\qquad (4\text{-}3\text{-}6)$$

此时，包络检波器的输出与输入信号的包络十分相近，即

$$s''(t) \approx A_0 + m(t) \qquad\qquad (4\text{-}3\text{-}7)$$

其中，$A_0 \geqslant |m(t)|_{\max}$，隔去直流后就得到原始的调制信号 $m(t)$。

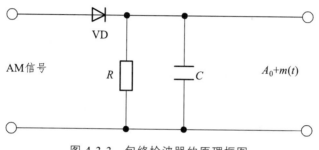

图 4-3-3　包络检波器的原理框图

包络检波器的优点：电路简单、效率高，特别是接收端不需要与发送端同频同相位的载波信号，大大降低了实现难度。故几乎所有的调幅（AM）接收机都采用这种电路。

4.4　角度调制

在调制时，若载波的频率随调制信号变化，则称为频率调制（FM）；若载波的相位随调制信号变化，则称为相位调制（PM）。在这两种调制过程中，载波的幅度都保持恒定不变，由于频率和相位的变化都可以看成是载波角度的变化，故调频和调相又统称为角度调制。

4.4.1　频率和相位的关系

从物理学的角度看，频率就是运动的快慢，相位就是出现的迟早。想象一下两个人围着一个圆形场地跑步，离起跑点的圆弧距离是运动位置与起跑点所夹圆心角的函数，这个夹角就是相位，而一定时间内所跑的圈数就是频率。如果两人速度相同（即频率相同），则两人之间的距离是始终不变的，也就是相位差是一定的，这个相位差大小取决于后跑者比先跑者延后起跑的时间；如果两人速度不一样，他们之间的距离（相位差）则会不断变化。可见频率和相位是描述角度的两个主要参数，它们之间存在内在联系，且频率和相位的变化都表现为瞬时相位的变化。从数学的角度看，相位是频率的积分，或者说频率是相位的微分。

鉴于在实际应用中频率调制得到了广泛采用，因而本节主要讨论频率调制。

4.4.2　角度调制的基本概念

设载波信号为 $A\cos(\omega_c t + \varphi_0)$ ，则调频信号和调相信号可统一表示为瞬时相位 $\theta(t)$ 的函数，即

$$s(t) = A\cos[\theta(t)] \qquad (4\text{-}4\text{-}1)$$

根据前面对调频的定义，调频系统中载波信号的频率增量将和调制信号 $m(t)$ 成比例，即

$$\Delta\omega = K_{FM} m(t) \qquad (4\text{-}4\text{-}2)$$

故调频信号的瞬时角频率 $\omega(t)$ 为

$$\omega(t) = \omega_c + \Delta\omega = \omega_c + K_{FM} m(t) \qquad (4\text{-}4\text{-}3)$$

式中，K_{FM} 叫作频偏指数（调频灵敏度），它完全由电路参数确定。由于瞬时角频率 $\omega(t)$ 和瞬时相位 $\theta(t)$ 之间存在如下关系：

$$\omega(t) = \frac{d\theta(t)}{dt} \qquad (4\text{-}4\text{-}4)$$

因此，可求得此时的瞬时相位 $\theta(t)$ 为

$$\theta(t) = \omega_c t + K_{FM} \int m(t)dt \qquad (4\text{-}4\text{-}5)$$

故调频信号的时域表达式为

$$s_{FM}(t) = A\cos\left[\omega_c t + K_{FM} \int m(t)dt\right] \qquad (4\text{-}4\text{-}6)$$

同理，调相系统中载波信号的相位增量将和调制信号 $m(t)$ 成比例，即

$$\Delta\theta = K_{PM} m(t) \qquad (4\text{-}4\text{-}7)$$

式中，K_{PM} 叫作相偏指数（调相灵敏度），它也由电路参数确定。故调相信号的时域表达式为

$$s_{PM}(t) = A\cos[\omega_c t + K_{PM} m(t)] \qquad (4\text{-}4\text{-}8)$$

若某调制信号的最大幅度为 A_m ，最大角频率为 ω_m ，则

$$\beta_{FM} = \frac{K_{FM} \cdot A_m}{\omega_m} = \frac{\Delta\omega_m}{\omega_m} = \frac{\Delta f_m}{f_m}$$

β_{FM} 称为调频指数。式中，Δf_m 为调频过程中的最大频偏。

$\beta_{PM} = K_{PM} \cdot A_m$ ，称为调相指数。

可见，调频指数 β_{FM} 和调相指数 β_{PM} 由电路参数和调制信号的参量共同决定。

可以证明，调频信号 FM 的带宽 B_{FM} 为

$$B_{FM} = 2(\beta_{FM} + 1)B$$

（4-4-9）

式中，B 为调制信号的带宽。

频率调制与幅度调制相比，最突出的优势是其较高的抗噪声性能。然而有得就有失，获得这种优势的代价是角度调制占用比幅度调制信号更宽的带宽。这一点从式（4-4-9）可以看出。由于相位调制与频率调制存在线性关系，上述特点同样适用于相位调制。

角度调制与幅度调制不同的是，已调信号频谱不再是原调制信号频谱的线性搬移，而是频谱的非线性变换，会产生与频谱搬移不同的新的频率成分，故角度调制又称为非线性调制。

【例 4-4-1】 已知载波信号频率为 100 MHz，调制信号为

$$m(t) = 20\cos 2\pi \times 10^5 t \ \text{(V)}$$

设调频灵敏度 $K_{FM} = 50\pi \times 10^3 \, \text{rad} / \text{V}$。

（1）试确定已调信号的带宽。

（2）若调制信号的幅度加倍，则已调信号的带宽为多少？

解：（1）已调信号的瞬时角频率 $\omega(t)$ 为

$$\omega(t) = \omega_c + \Delta\omega = \omega_c + K_{FM} m(t)$$
$$= 2\pi \times 10^5 + 1\,000\pi \times 10^3 \cos 2\pi \times 10^5 t$$

其最大频偏　　$\Delta\omega = K_{FM} |m(t)|_{max} = \pi \times 10^6$

所以　　$$\beta_{FM} = \frac{K_{FM} \cdot A_m}{\omega_m} = \frac{\Delta\omega_m}{\omega_m} = \frac{\pi \times 10^6}{2\pi \times 10^5} = 5$$

$$B_{FM} = 2(\beta_{FM} + 1)B = 1.2 \times 10^6 \ \text{(Hz)} = 1.2 \ \text{(MHz)}$$

（2）若调制信号的幅度加倍，则

其最大频偏　　$\Delta\omega = K_{FM} |m(t)|_{max} = 2\pi \times 10^6$

所以　　$$\beta_{FM} = \frac{K_{FM} \cdot A_m}{\omega_m} = \frac{\Delta\omega_m}{\omega_m} = \frac{2\pi \times 10^6}{2\pi \times 10^5} = 10$$

$$B_{FM} = 2(\beta_{FM} + 1)B = 2.2 \times 10^6 \ \text{(Hz)} = 2.2 \ \text{(MHz)}$$

4.4.3　调频和调相之间的关系

由于频率和相位之间存在微分与积分的关系，因而频率调制器也可用来产生调相信号，只需将调制信号在送入频率调制器之前先进行微分。同样，也可用相位调制器来产生调频信号，这时调制信号必须先积分，然后送入相位调制器。图 4-4-1 给出了 FM 与 PM 之间的关系。

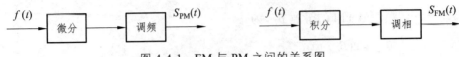

图 4-4-1　FM 与 PM 之间的关系图

　　复杂信号调制的 PM 信号波形和 FM 信号波形难以绘出，图 4-4-2 所示为以单频信号为调制信号时，调相信号和调频信号波形图。

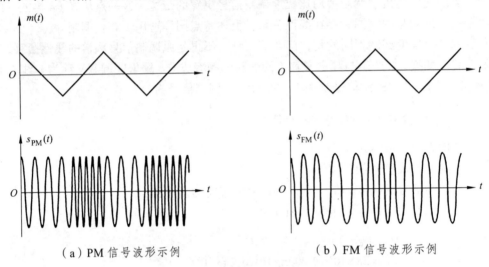

（a）PM 信号波形示例　　　　　　　　　（b）FM 信号波形示例

图 4-4-2　PM 与 FM 信号波形比较

　　从图 4-4-2 中可以发现，单纯从已调信号的波形上不能区分 FM 和 PM 信号，二者的区别在于 FM 信号的频率（载波疏密程度）的变化规律直接反映了 $m(t)$ 的变化规律，而 PM 信号的频率变化规律反映了信号斜率（对信号的微分）的变化规律。

4.4.4　FM 信号的产生与解调

1. FM 信号的产生

　　产生调频信号一般有两种方法：一种是直接调频法；另一种是间接调频法。直接调频法是利用压控振荡器（Voltage Controlled Oscillator，VCO）作为调制器，调制信号直接作用于压控振荡，使其输出频率随调制信号变化而变化的等幅振荡信号；间接调频法不是直接用调制信号去改变载波的频率，而是先将调制信号积分再进行调相，继而得到调频信号。这里只介绍直接调频法。

　　直接调频法的原理如图 4-4-3 所示。其原理十分简单，它是由输入的基带信号 $m(t)$ 直接改变电容-电压或电感-电压可变电抗元件的电容值或电感值，使载频振荡器的调谐回路参数改变，从而使输出频率随输入信号 $m(t)$ 成正比地变化。

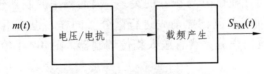

图 4-4-3　直接调频法示意图

直接调频法的优点是能得到很大的频率偏移，其缺点是载频会发生飘移，因而需要附加稳频电路。

2．FM 信号的解调

角度调制与幅度调制一样需要用解调器进行解调，但一般把调频信号的解调器称为鉴频器，把调相信号的解调器称为鉴相器。

调频信号的解调方法通常也有两种：一种是相干解调；另外一种是非相干解调。实际中多采用非相干解调。非相干解调器也有两种形式：一种是鉴频器；另一种是锁相环解调器。这里只介绍鉴频器。

调频信号的非相干解调原理框图如图 4-4-4 所示，主要由限幅带通滤波器、鉴频器和低通滤波器组成，其中鉴频器包括微分器和包络检波器两部分。

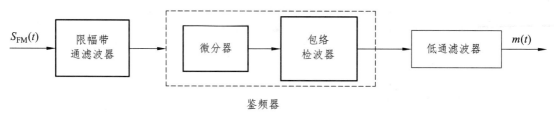

图 4-4-4　调频信号的非相干解调原理框图

假设输入的调频信号是

$$s_{\text{FM}}(t) = A\cos\left[\omega_{\text{c}}t + K_{\text{FM}}\int m(t)\mathrm{d}t\right]$$

输入信号 $s_{\text{FM}}(t)$ 经过限幅及带通滤波器后，滤除信道中的噪声和其他干扰，送入微分器进行微分处理而变成 $s_{\text{d}}(t)$。

$$s_{\text{d}}(t) = -A\cos\left[\omega_{\text{c}}t + K_{\text{FM}}\int m(t)\mathrm{d}t\right]\sin\left[\omega_{\text{c}}t + K_{\text{FM}}\int m(t)\mathrm{d}t\right]t$$

这是一个调幅调频信号，其幅度是按 $A\cos\left[\omega_{\text{c}}t + K_{\text{FM}}\int m(t)\mathrm{d}t\right]$ 的规律而变化，其包络信息正比于调制信号 $m(t)$。经包络检波，再经过低通滤波器后，滤除基带信号以外的噪声，输出 $m(t)$。

$$m(t) = K_{\text{d}}K_{\text{FM}}m(t)$$

K_{d} 称为鉴频器灵敏度。

需要注意的是，调频信号 $s_{\text{FM}}(t)$ 在进入鉴频器之前，经过了一个限幅带通滤波器，这是非常必要的。因为调频信号在经过信道传输到达接收端的解调器时，必定会受到信道中噪声和信道衰减的影响，从而造成到达接收端的调频信号幅度不再恒定，如果不经过限幅的过程，这种幅度里面的噪声将通过包络检波器被解调出来。

4.5　各种模拟调制系统的性能比较

不同的调制方式，在提高传输的有效性和可靠性方面各有优势。为了便于在实际中合理地选用以上介绍的各种模拟调制系统，下面简单介绍一下各模拟调制系统的有效性和可靠性。

4.5.1　传输带宽

传输带宽是系统有效性能的衡量指标，表 4-5-1 归纳列出了各种调制系统的传输带宽、设备复杂程度和主要应用。可以看出，单边带通信（SSB）的有效性能最好，而调频系统的有效性能最差。

表 4-5-1　各种模拟调制系统的性能比较

调制方式	传输带宽	设备复杂程度	主要应用
AM	$2B$	简单	中短波无线电广播
DSB-SC	$2B$	中等	应用较少
SSB	B	复杂	短波无线电广播、话音频分复用、载波通信、数据传输
FM	$2(\beta_{FM}+1)B$	中等	超短波小功率电台、调频立体声广播

4.5.2　抗噪声性能

图 4-5-1 画出了各种模拟调制系统的抗噪声性能曲线，图中的圆点表示门限点。门限点以下，曲线迅速下跌；门限点以上，DSB-SC、SSB 的信噪比比 AM 高 4.7 dB 以上，而 FM（$\beta_{FM}=6$）的信噪比比 AM 高 22 dB，而且调频指数 β_{FM} 越大，调频系统的抗噪声性能越好。

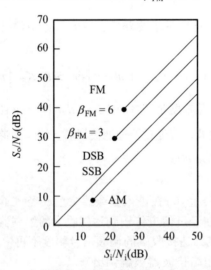

图 4-5-1　各种模拟调制系统的抗噪声性能曲线图

本章小结

（1）所谓调制，就是用待传输的基带信号去控制高频载波的某个参数的过程，即将基带信号寄载到高频载波信号之上的过程。通常，将待传输的基带信号称为调制信号；被调制的高频信号起着运载基带信号的作用，称为载波信号；调制后所得到的信号称为已调信号，或频带信号，已调信号应含有基带信号的全部信息。

（2）调制在通信系统中的主要作用有：适合信道传输、便于信号辐射、实现多路复用和提高系统抗噪声性能。

（3）调制本质上就是频谱搬移的过程，即把调制信号的频谱搬移到载波频段上。如果这种搬移过程是线性的，就称为线性调制；如果频谱搬移过程中出现了非线性变化，即有新的频谱分量出现，就称为非线性调制。AM、DSB-SC 和 SSB 都属于线性调制，FM 和 PM 则属于非线性调制。

（4）从带宽利用上讲，如果调制信号的带宽为 B，则 AM 的传输带宽为 $2B$，DSB-SC 的传输带宽为 $2B$，SSB 的传输带宽为 B，FM 的传输带宽为 $2(\beta_{FM}+1)B$。

（5）解调是调制的逆过程，其作用是从已调信号中恢复原始的调制信号。解调的方式有两种：相干解调和非相干解调（包络检波）。相干解调适用于所有线性调制信号的解调，实现相干解调的关键是接收端要恢复出一个与调制载波完全同步的相干载波（这个相干载波通常是从已调信号中提取出来的）。包络检波就是直接从已调信号的包络中提取原调制信号，它属于非相干解调，因此不需要相干载波。AM 信号一般都采用包络检波。

（6）从抗噪声性能上讲，调频系统的抗噪性能通常比调幅系统的抗噪性能强，这是因为调频系统牺牲了传输带宽来换取系统可靠性。

习　题

1. 什么是调制？调制的作用是什么？

2. 什么是线性调制？常见的线性调制有哪些？

3. AM 信号的波形和频谱有哪些特点？

4. 相对 AM 信号来说，为什么要抑制载波？

5. 什么是频率调制？什么是相位调制？两者关系如何？

6. 已知某已调信号的时域表达式为 $s(t)=\cos\omega_m t\cos\omega_c t$，其中载波为 $\cos\omega_c t$，$\omega_c=6\omega_m$。试分别画出已调信号的时域波形图和频谱图。

7. 已知某调幅信号的表达式为 $s(t)=(2+A\cos 2\pi f_m t)\cos 2\pi f_c t$。其中调制信号的频率为 $f_m=10\,\text{kHz}$，载波频率为 $f_c=20\,\text{MHz}$，$A=10$。请回答：

（1）该调幅信号是否能采用包络检波器进行解调，并说明理由。

（2）画出它的解调原理框图和解调频谱图。

8. 已知某单频调频信号的振幅为 5 V，瞬时频率为 $f(t)=10^6+10^4\cos(2\pi\times 10^3 t)$ (Hz)。

试求：（1）该调频信号的表达式。

（2）调频指数和传输带宽。

9. 某调制方框图如图 4-6-1（a）所示。已知 $x(t)$ 的频谱如图 4-6-1（b）所示，载频 $\omega_c>\omega_m$ 且理想带通滤波器的带宽为 $B=2\omega_m$。

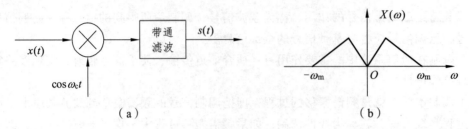

（a）   （b）

图 4-6-1　题 9 图

试求：（1）理想带通滤波器的中心频率为多少。

（2）说明 $s(t)$ 为何种已调制信号。

（3）画出 $s(t)$ 的频谱图。

第 5 章　模拟信号数字化技术

【本章导读】

- 信源编码
- 抽样定理
- 均匀量化和非均匀量化
- A 律和 μ 律以及 13 折线和 15 折线
- DM、DPCM 和 ADPCM 语音压缩编码的特点

5.1　引　言

数字通信系统由于具有许多优点而成为当今通信的发展方向。然而，日常生活中大部分信号都是模拟信号，如话筒、电视机和摄像机等信源输出的语音和图像信号，其在时间和幅度上均连续变化。若要利用数字通信系统进行信息的处理、交换、传输和存储，则必须在发送端进行 A/D 转换，即将模拟信号转换成数字信号。由于 A/D 变换的过程通常由信源编码器实现，所以我们把发送端的 A/D 变换称为信源编码。

将模拟信号转换成数字信号要经过抽样（sampling，也称取样或采样）、量化（quantization）和编码（coding）三个过程。抽样的目的是实现时间的离散，但抽样后的信号（PAM 信号）的幅度取值仍然是连续的，所以还是模拟信号；量化的目的是实现幅度的离散，故量化后的信号已经是数字信号，但它一般为多进制数字信号，不能被常用的二进制数字通信系统处理；编码的目的是将量化后的多进制数字信号编码成二进制码。模拟信号数字化的方式有多种，最基本和最常用的方法是脉冲编码调制（Pulse Code Modulation，PCM）。由于编码方法直接和系统的传输效率有关，为了提高传输效率，常常将这种 PCM 信号做进一步压缩编码，去除信号间的冗余信息，降低传输速率，然后再在通信系统中传输。常用的压缩编码有：差分脉冲编码调制（DPCM）、自适应差分脉冲编码调制（ADPCM）和增量调制（DM 或 ΔM）。

5.2　模拟信号的抽样

5.2.1　低通与带通抽样定理

抽样定理是模拟信号数字化的理论依据，它能保证模拟信号在数字化以后不失真。根据模拟信号频谱分布的不同，通常可以将模拟信号分为低通型信号和带通型信号两种形式，对不同形式的模拟信号，应选择合适的抽样定理。

1．低通抽样定理

低通抽样定理可表述为一个频带限制在 $0 \sim f_H$ 的低通信号 $s(t)$，如果以 $f_s \geq 2f_H$ 的采样频率进行均匀采样，则所得的样值可以完全地确定原信号 $s(t)$。下面简单证明一下这个定理。

理论上，抽样可以看作是用周期性单位冲激信号（称为梳状函数）和模拟信号相乘的过程（此时的抽样为理想抽样）。

假设模拟信号为 $f(t)$，梳状函数为 $\delta_T(t)$，抽样后信号为 $f_s(t)$。则

$$f_s(t) = f(t)\, \delta_T(t) \qquad (5\text{-}2\text{-}1)$$

若模拟信号 $f(t)$ 的频谱为 $F(\omega)$，梳妆函数的频谱为 $\delta_T(\omega)$，抽样信号的频谱为 $F_s(\omega)$。则

$$F_s(\omega) = \frac{1}{2\pi}\left[F(\omega)*\delta_T(\omega)\right] \qquad (5\text{-}2\text{-}2)$$

其中梳状函数的频谱为

$$\delta_T(\omega) = \frac{2\pi}{T_s}\sum_{n=-\infty}^{\infty}\delta(\omega-n\omega_s) \qquad (5\text{-}2\text{-}3)$$

所以，抽样后信号的频谱为

$$F_s(\omega) = \frac{1}{T_s}\sum_{n=-\infty}^{\infty}F(\omega-n\omega_s) \qquad (5\text{-}2\text{-}4)$$

由于梳状函数的频谱仍然是周期性单位冲激串，模拟信号 $f(t)$ 经过抽样以后所得到的抽样信号 $f_s(t)$，从频谱上讲相当于频谱搬移的过程。即把模拟信号的频谱 $F(\omega)$ 线性搬移到 0、$\pm f_s$、$\pm 2f_s \cdots \pm nf_s$ 等处，然后把这些搬移以后的频谱进行线性组合即可得到抽样信号的频谱 $F_s(\omega)$。

由此可以看出，抽样信号是完全包含模拟信号的所有频谱成分的（特别地，当 $n=0$ 时，抽样信号的频谱与模拟信号的频谱相同）。这样，在接收端就可以通过低通滤波器恢复出模拟信号来。抽样过程也可以用图解方法来解释，如图 5-2-1 所示。

从图 5-2-1 可以看出，当抽样频率 $f_s < 2f_H$ 时，模拟信号频谱经过搬移后所得到的抽样信号中将会出现频谱混叠的现象。这样，接收端通过滤波器将无法恢复出原始的模拟信号。

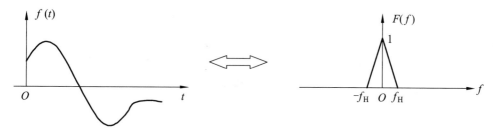

（a）低通模拟信号波形及其频谱结构

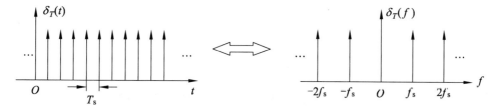

（b）抽样序列及其频谱结构

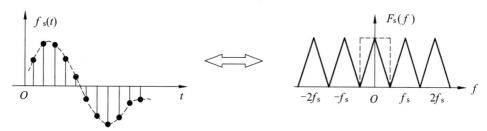

（c）抽样后信号及其频谱结构

图 5-2-1　低通型模拟信号的抽样过程

实际应用中，为了提高系统可靠性，通常会留出一定的防护频带。例如，国际电报电话咨询委员会（Consultative Committee on International Telephone and Telegraph，CCITT）建议对于 3 400 Hz 带宽的电话信号，取样频率为 8 000 Hz，留出了 8 000 − 6 800 = 1 200（Hz）作为防护频带。

特别地，把 $f_s = 2f_H$ 时的频率称为奈奎斯特频率，此时对应的抽样周期 T_s 称为奈奎斯特间隔。

2．带通抽样定理

实际应用中还会遇到很多带通信号，这种信号的带宽 B 远小于其中心频率。若仍然按照低通抽样定理来确定抽样频率 f_s，则会导致抽样频率 f_s 过高，实际上，并不需要这样高的抽样频率。下面简单介绍一下带通信号的抽样定理。

可以证明：假设带通信号 $f(t)$ 的下限频率为 f_L，上限频率为 f_H，带宽为 B。当抽样频率 f_s 满足

$$f_s \geqslant 2B\left(1 + \frac{k}{n}\right) \tag{5-2-5}$$

$f(t)$ 可以由抽样点值序列 $f_s(nT_s)$ 完全描述。

式（5-2-5）中，n 为商（f_H/B）的整数部分，$n=1$，2，…；k 为商（f_H/B）的小数部分，$0<k<1$。

【例 5-2-1】 载波电话 60 路超群信号中，频带范围为 312~552 kHz，试求最低取样频率 f_s。

解： 信号带宽 $B=f_H-f_L=552-312=240 \text{ (kHz)}$

$$\frac{f_H}{B}=\frac{552}{240}=2.3$$

得 $\qquad n=2$，$k=0.3$

代入公式（5-2-5）中，得最低取样频率 $f_s=552 \text{ kHz}$。

如果该 60 路超群信号按低通型抽样定理求解抽样频率，则为

$$f_s \geqslant 2f_H=1\,104 \text{（kHz）}$$

显然，带通型抽样频率优于低通型。

【例 5-2-2】 带宽为 48 kHz 的 FM 模拟信号，频分多路系统上限频率 1 052 kHz，下限频率为 1 004 kHz，试求最低取样频率 f_s。

解： 信号带宽 $B=f_H-f_L=1\,052-1\,004=48 \text{ (kHz)}$

$$\frac{f_H}{B}=\frac{1\,052}{48}=21.9$$

得 $\qquad n=21$，$k=0.9$

代入公式（5-2-5）中，得最低取样频率 $f_s=100 \text{ kHz}$。

5.2.2 实际抽样

从调制的角度看，上述抽样的过程可以看作是用模拟信号调制冲激信号幅度的过程，这种调制称为脉冲幅度调制（Pulse Amplitude Modulation，PAM），抽样后的信号称为 PAM 信号，PAM 信号虽然在时间上是离散的，但其代表信息的参量（幅度）仍然是连续变化的，因此仍然属于模拟信号。

抽样定理中抽样脉冲信号是理想冲激信号 $\delta_T(t)$，但实际抽样电路中抽样脉冲序列具有一定持续时间，在脉宽期间抽样信号幅度可以是不变的，也可以随信号幅度而变化。前者称为平顶抽样（又叫瞬时抽样），后者则称为自然抽样（又叫曲顶抽样）。

1．自然抽样

假设抽样脉冲序列为 $c(t)=\sum\limits_{n=-\infty}^{\infty}p(t-nT_s)$，其中 $p(t)$ 为任意形状的脉冲（脉冲宽度为 τ），模拟信号为 $f(t)$，抽样后的信号为 $f_s(t)$，则

$$f_s(t)=f(t)\times c(t)=f(t)\times\sum_{n=-\infty}^{\infty}p(t-nT_s) \qquad (5\text{-}2\text{-}6)$$

对于周期脉冲序列可利用傅里叶级数展开，即

$$c(t)=\sum_{n=-\infty}^{\infty}C_n\mathrm{e}^{jn\omega_s t} \qquad (5\text{-}2\text{-}7)$$

其中

$$C_n = \frac{1}{T_s} \int_{-\frac{T_s}{2}}^{\frac{T_s}{2}} p(t) e^{-jn\omega_s t} dt \qquad （5-2-8）$$

T_s 为抽样间隔，ω_s 为抽样角频率。将式（5-2-7）代入（5-2-6）可得

$$f_s(t) = \sum_{n=-\infty}^{\infty} f(t) C_n e^{jn\omega_s t} \qquad （5-2-9）$$

将式（5-2-8）代入（5-2-9），由傅里叶变换的性质可得自然抽样后信号的频谱为

$$F_s(\omega) = \sum_{n=-\infty}^{\infty} C_n F(\omega - n\omega_s) \qquad （5-2-10）$$

将式（5-2-10）与式（5-2-4）比较可知，自然抽样与理想抽样信号的频谱，其差别仅在于系数 C_n。一般情况下，C_n 随 n 而变，但每个频谱分量的形状不变，因此仍然可以采用一个截止频率为 f_H 的低通滤波器分离出原始的模拟信号。自然抽样的过程如图 5-2-2 所示。

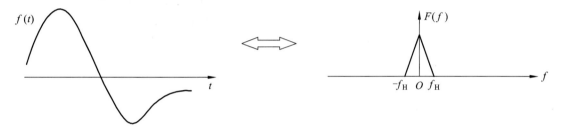

（a）模拟信号及其频谱结构

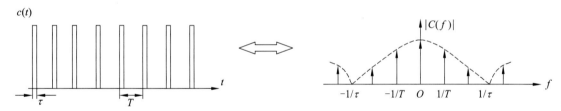

（b）抽样脉冲序列及其频谱结构

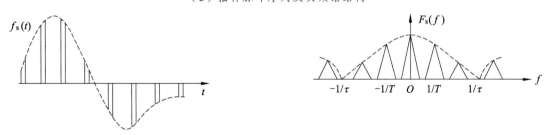

（c）自然抽样序列及其频谱结构

图 5-2-2　自然抽样的过程

2．平顶抽样

在上述自然抽样中，得到的抽样信号的脉冲顶部和原模拟信号波形相同，但在某些场合不能满足使用要求，如对抽样后的样值进行编码，在编码期间的样值必须是恒定不变的。因此，在实际应用中，常用"抽样保持电路"产生抽样信号。这种电路的原理方框图可以用图

5-2-3 表示。图中，模拟信号 $f(t)$ 和非常窄的周期性脉冲（近似冲激函数）$\delta_T(t)$ 相乘，得到乘积 $f_s(t)$，然后通过一个冲激响应是矩形的保持电路，将抽样电压保持一定时间。这样，保持电路的输出脉冲波形保持平顶。平顶抽样的过程如图 5-2-4 所示。

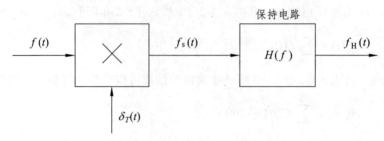

图 5-2-3 抽样保持电路

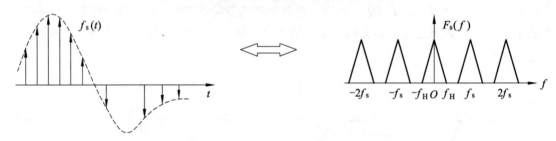

（a）抽样信号及其频谱结构

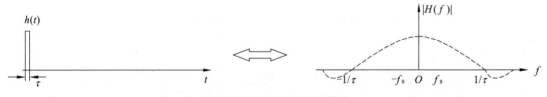

（b）脉冲形成及其频谱结构

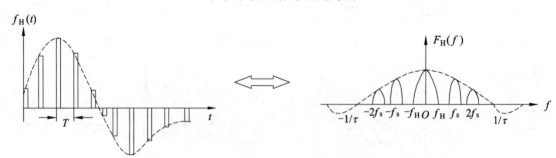

（c）平顶抽样序列及其频谱结构

图 5-2-4 平顶抽样的过程

平顶抽样序列频谱与自然抽样序列频谱图形相似，但它们是完全不同的。自然抽样中，$F_s(\omega)$ 是由 $F(\omega)$ 周期性地重复组成的。虽然幅度要下降，但 $F(\omega)$ 本身的形状没有改变。平顶抽样序列信号的频谱已失去了原 $F(\omega)$ 的形状，它有一加权项 $\sin(\omega\tau/2)/(\omega\tau/2)$。由于加权项是频率的函数，因而引起了频率失真，使频谱的形状发生了改变。

为了不失真地还原出被抽样信号，平顶抽样不能像自然抽样那样简单地使用低通滤波器来实现无失真解调。而应在使用低通滤波器外，再使用传递函数为 $(\omega\tau/2)/\sin(\omega\tau/2)$ 的网络进行频率补偿，以抵消平顶保持所带来的频率失真。这种频率失真常称为孔径失真。

5.3　抽样信号的量化

5.3.1　量化的基本原理

模拟信号经过抽样后得到 PAM 信号，由于 PAM 信号的幅度仍然是连续的，即它的幅度有无穷多种取值，我们知道有限 n 位二进制的编码最多能表示 2^n 种电平，那么幅度连续的样值信号无法用有限位数字编码信号来表示，这样就必须对样值信号的幅度进行离散化处理，使其幅度的取值为有限多种状态。对幅度进行离散化处理的过程称为量化，实现量化的器件称为量化器。

在量化过程中，每个量化器都有一个量化范围（$-V\sim V$），若输入的模拟信号的幅度超过此范围就称为过载。在量化范围内划分成 M 个区间（称为量化区间），每个量化区间用一个电平（称为量化电平）表示（共有 M 个量化电平，M 称为量化电平数），量化区间的间隔称为量化间隔。图 5-3-1 所示为量化的基本原理。

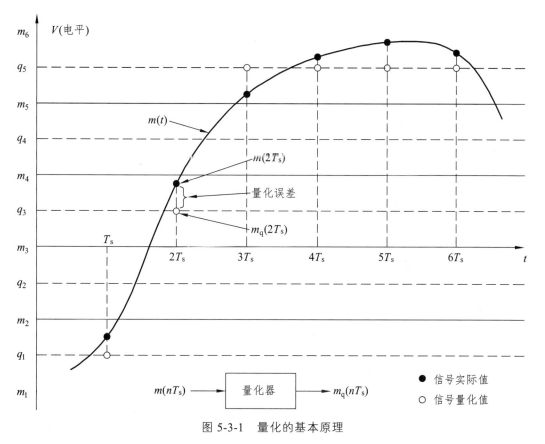

图 5-3-1　量化的基本原理

图 5-3-1 中，$m(nT_s)$ 表示模拟信号的抽样值，$m_q(nT_s)$ 表示量化后的量化值，不难看出，量化过程就是一个近似表示的过程，即无限个数取值的模拟信号用有限个数取值的离散信号近似表示。这一近似过程一定会产生误差——量化误差 [即量化前后 $m(nT_s)$ 与 $m_q(nT_s)$ 之差]。由于量化误差一旦形成后，在接收端无法消除，这个量化误差会像噪声一样影响通信质量，所以又称量化噪声。

在图 5-3-1 中，量化区间是等间隔划分的，称为均匀量化；量化区间也可以不均匀划分，称为非均匀量化。下面分别讨论这两种量化方法。

5.3.2 均匀量化

设模拟抽样信号的取值范围在 $-V \sim V$ 之间，量化电平数为 L，则在均匀量化时的量化间隔 Δv 为

$$\Delta v = \frac{2V}{L} \tag{5-3-1}$$

量化区间的端点 m_i 为

$$m_i = -V + i\Delta v \quad i = 0, 1, 2, \cdots, M \tag{5-3-2}$$

若输出的量化电平 q_i 取为量化间隔的中点，则

$$q_i = \frac{m_i + m_{i-1}}{2} \quad i = 0, 1, 2, \cdots, M \tag{5-3-3}$$

从式（5-3-3）可以看出，对于给定的信号最大幅度 V，量化电平数 L 越多，量化区间 Δv 越小，量化误差（噪声）越小，量化噪声具体可表示为

$$\sigma_q^2 = \frac{V^2}{3L^2} \tag{5-3-4}$$

对于单频正弦信号 $S(t) = A_m \cos(\omega_c t + \varphi)$，经过抽样以后进行均匀量化，则可以计算出量化器的输出信噪比 $\frac{S}{N}$ 为

$$\frac{S}{N} = \frac{\frac{A_m^2}{2}}{\sigma_q^2} = \frac{3}{2}\left(\frac{A_m}{V}\right)^2 L^2 \tag{5-3-5}$$

两边取常用对数得

$$\lg \frac{S}{N} = \lg \frac{3}{2}\left(\frac{A_m}{V}\right)^2 L^2 \tag{5-3-6}$$

可得

$$SNR_{dB} \approx 4.77 + 20\lg \frac{A_m}{\sqrt{2}V} + 6.02n \tag{5-3-7}$$

其中，$L = 2^n$。

由式（5-3-7）可知：量化器的输出信噪比与输入信号的幅度和编码位数有关，当输入大信号时所产生的输出信噪比高，信号失真小，可靠性强；当输入小信号时所产生的量化信噪比低，信号容易失真，因此对小信号不利。同时，当编码位数增加时，输出信噪比也相应提

高，并且每增加一位编码，输出信噪比约提高 6 dB。

　　均匀量化被广泛应用于计算机的 A/D 变换中。n 表示 A/D 变换器的位数，常用的 A/D 变换器有 8 位、12 位、16 位等不同精度，主要根据应用中所允许的量化误差来确定。图像信号的数字化接口 A/D 也是均匀量化器。但在数字电话通信中，从通信线路的传输效率考虑，采用非均匀量化更为合理，其主要原因是：对于普通的话音信号，其统计特性是大信号出现的概率小，而小信号出现的概率大，因而不适合采用均匀量化。下面将讨论非均匀量化。

5.3.3　非均匀量化

　　量化间隔不相等的量化就是非均匀量化，它是根据信号的不同区间来确定量化间隔的。当信号抽样值小时，量化间隔 Δv 也小；信号抽样值大时，量化间隔 Δv 也变大。

　　实际中，非均匀量化的实现方法通常是在进行量化之前，先对抽样信号进行压缩，再进行均匀量化。所谓的压缩是用一个非线性电路将输入电压 x 变换成输出电压 y。

　　如图 5-3-2 所示（在此图中仅画出了曲线的正半部分，在第三象限的对称部分没有画出）。图中纵坐标 y 是均匀刻度的，横坐标 x 是非均匀刻度的。所以输入电压 x 越小，量化间隔也就越小。也就是说，小信号的量化误差也小，这样就可以保证大信号和小信号在整个动态范围内的信噪比基本上一致。

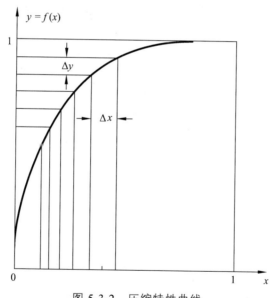

图 5-3-2　压缩特性曲线

　　需要说明的是，上述压缩器的输入和输出电压范围都限制在 0 和 1 之间，即做归一化处理。

　　对于电话信号的压缩，美国最早提出 μ 律压缩以及相应的近似算法——15 折线法，后来欧洲提出 A 律压缩以及相应的近似算法——13 折线法，它们都是国际电信联盟（International Telecommunication Union，ITU）建议共存的两个标准。

　　亚洲、欧洲和非洲大都采用 A 律压缩及相应的 13 折线法，美国、日本和加拿大等国家采用 μ 律压缩及 15 折线法。下面将分别讨论这两种压缩律及其近似实现方法。

1. A律压缩特性

A律压缩特性是以 A 为参量的压缩特性。A律特性的表示式为

$$y = \begin{cases} \dfrac{A}{1+\ln A}x & 0 < x \leqslant \dfrac{1}{A} \\ \dfrac{1+\ln Ax}{1+\ln A} & \dfrac{1}{A} \leqslant x \leqslant 1 \end{cases} \tag{5-3-8}$$

式（5-3-8）中，x 为压缩器归一化输入电压；y 为压缩器归一化输出电压；常数 A 为压缩系数，它决定压缩程度，$A=1$ 时无压缩，A 越大压缩效果越明显，而且在 $0 < x \leqslant \dfrac{1}{A}$ 时，y 是线性函数，对应一段直线，也就是相当于均匀量化特性；在 $\dfrac{1}{A} \leqslant x \leqslant 1$ 时，y 是对数函数，对应一段对数曲线。在国际标准中取 $A=87.6$。A律压缩特性曲线如图 5-3-3 所示。

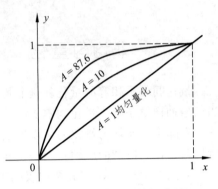

图 5-3-3　A律压缩特性曲线

2. A律压缩的近似算法——13 折线法

A律压缩特性函数是一条连续的平滑曲线,用模拟电子线路实现这样的函数规律是相当复杂的。随着数字电路技术的发展，这种特性很容易用数字电路来近似实现。13 折线法的特性就近似于 A 律的特性。图 5-3-4 所示为其特性曲线。

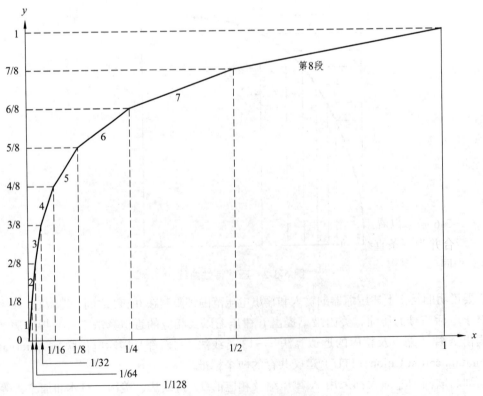

图 5-3-4　13 折线压缩特性

图 5-3-4 中横坐标 x 在 0 至 1 区间（归一化）分为不均匀的 8 段。1/2 ~ 1 间的线段称为第 8 段；1/4 ~ 1/2 间的线段称为第 7 段；1/8 ~ 1/4 间的线段称为第 6 段；依此类推，直到 0 ~ 1/128 间的线段称为第 1 段。图中纵坐标 y 则被均匀地划分为 8 段。将与这 8 段相应的坐标点 (x, y) 相连，就得到了一条折线。由图可见，除第 1 段和第 2 段外，其他各段折线的斜率都不相同。

然后，再将 8 段中的每一段均匀地划分为 16 等份，每一个等份就是一个量化级。这样，输入信号的取值范围内总共被划分为 $16 \times 8 = 128$ 个不均匀的量化级。因此，用这种分段方法就可以使输入信号形成一种不均匀的量化级数，它对小信号分得细，最小量化级数（指第 1 段和第 2 段的量化级）为 $(1/128) \times (1/16) = 1/2048$；对大信号的量化级数分得粗，最大量化级为 $1/(2 \times 16) = 1/32$。通常把最小量化级作为一个量化单位，用 "Δ" 表示，于是可以计算出输入信号的取值范围 0 ~ 1 总共被划分为 2048Δ。y 轴也被分成 8 段，不过是均匀地划分成 8 段。y 轴的每一段又均匀地划分成 16 等份，每一等份就是一个量化级。于是，y 轴的区间（0，1）就被分成 128 个均匀量化级，每个量化级均为 1/128。

上述的压缩特性只是实用的压缩特性曲线的一半。x 的取值应该还有负的一半。由于第一象限和第三象限中的第一和第二段折线斜率相同，所以这四条折线构成一条直线。因此，在 -1 ~ $+1$ 的范围内就形成了总数为 13 段的折线特性。通常就称为 A 律 13 折线压缩特性。

3．μ 律压缩特性

μ 律特性的表示式为

$$y = \frac{\ln(1 + \mu x)}{\ln(1 + \mu)}, \quad 0 \leqslant x \leqslant 1 \tag{5-3-9}$$

式中，μ 为压缩系数，$\mu = 0$ 时相当于无压缩，μ 越大压缩效果越明显，在国际标准中取 $\mu = 255$。当量化电平数 $L = 256$ 时，对小信号的信噪比改善值为 33.5 dB。μ 律压缩最早由美国提出，从整体上看，μ 律压缩和 A 律压缩性能基本接近。μ 律压缩特性曲线如图 5-3-5 所示。

与 A 律压缩相似，μ 律压缩同样不易用模拟电子线路实现，实用中通常采用 15 折线法来代替 μ 律压缩。图 5-3-6 所示为其特性曲线。

从图 5-3-6 中可以看出，由于其第 1 段和第 2 段的斜率不同，不能合并为一条直线，但正电压第 1 段和负电压第 1 段的斜率相同，仍可以连成一条直线。所以，得到的是 15 段折线，称为 15 折线压缩特性。

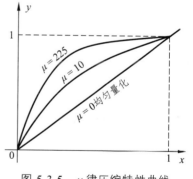

图 5-3-5　μ 律压缩特性曲线

比较 13 折线特性和 15 折线特性的第一段斜率可知，15 折线特性第一段的斜率（255/8）大约是 13 折线特性第一段斜率（16）的 2 倍。所以，15 折线特性给出的小信号的信号量噪比约是 13 折线特性的 2 倍。但是，对于大信号而言，15 折线特性给出的信号量噪比要比 13 折线特性的稍差。

上面已经详细地讨论了 A 律和 μ 律以及相应的折线法压缩信号的原理。至于恢复原信号大小的扩张原理，和压缩的过程完全相反，这里不再赘述。

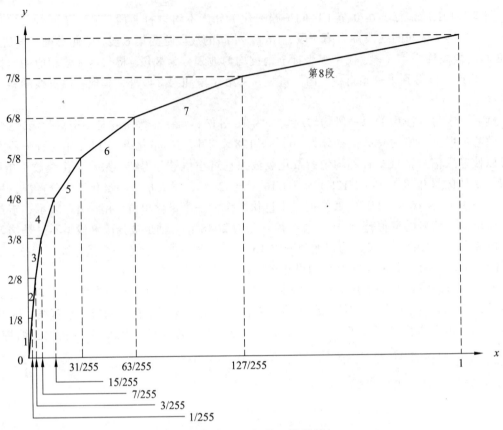

图 5-3-6　15 折线压缩特性

5.4　脉冲编码调制（PCM）

量化后的信号，已经是取值离散的多进制数字信号。但实际应用中的数字通信系统往往是二进制，因此还需把量化后的信号电平值转换成二进制码组，这个过程称为编码。其逆过程称为解码或译码。最常用的编码方式是脉冲编码调制（ Pulse Code Modulation，PCM），简称脉码调制。

脉码调制是模拟信号数字化的一种方法。脉码调制的叫法是从信号调制的角度看的，它与数字电路中的"模/数（A/D）"变换的原理是一样的，只是称呼不同。

5.4.1　脉冲编码调制的基本原理

PCM 系统的原理如图 5-4-1 所示。在发送端，由冲激脉冲对模拟信号抽样，得到在抽样时刻上的信号抽样值。这个抽样值仍是模拟量。在它量化之前，通常用保持电路将其做短暂保存，以便电路有时间对其进行量化。在实际电路中，常把抽样和保持电路做在一起，称为抽样保持电路。量化器把模拟抽样信号变成离散的数字量，然后进行二进制编码。这样，每个二进制码组就代表—个量化后的信号抽样值。在接收端，通过译码器恢复出模拟信号。

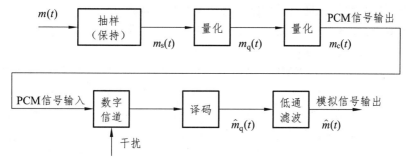

图 5-4-1　PCM 系统的原理图

5.4.2　编码方式

在讨论编码之前，应先明确编码的码字、码型以及码位数的选择和安排。所谓码字就是一个样值所编的 n 位码，编码过程中采用的编码规律称为码型。在 PCM 编码中广泛使用的二进制码型有自然（普通）二进制码、折叠二进制码和格雷（循环）码。表 5-4-1 列出了用 4 位码表示 16 个量化级时三种码型的编码规律。

表 5-4-1　三种 4 位二进制码组

序号	自然二进制码				折叠二进制码				格雷二进制码			
	b_1	b_2	b_3	b_4	b_1	b_2	b_3	b_4	b_1	b_2	b_3	b_4
15	1	1	1	1	1	1	1	1	1	0	0	0
14	1	1	1	0	1	1	1	0	1	0	0	1
13	1	1	0	1	1	1	0	1	1	0	1	1
12	1	1	0	0	1	1	0	0	1	0	1	0
11	1	0	1	1	1	0	1	1	1	1	1	0
10	1	0	1	0	1	0	1	0	1	1	0	1
9	1	0	0	1	1	0	0	1	1	1	0	1
8	1	0	0	0	1	0	0	0	1	1	0	0
7	0	1	1	1	0	0	0	0	0	1	0	0
6	0	1	1	0	0	0	0	1	0	1	0	1
5	0	1	0	1	0	0	1	0	0	1	1	1
4	0	1	0	0	0	0	1	1	0	1	1	0
3	0	0	1	1	0	1	0	0	0	0	1	0
2	0	0	1	0	0	1	0	1	0	0	1	1
1	0	0	0	1	0	1	1	0	0	0	0	1
0	0	0	0	0	0	1	1	1	0	0	0	0

由表 5-4-1 可以看出，自然二进制码实际上就是一般的十进制正整数的二进制表示，编译码都比较简单。折叠二进制码实际上是一种符号幅度码，如果将其左边的第一位作为信号的极性位（如用"1"表示信号的正极性，用"0"表示信号的负极性），后面 3 位码在表中呈

映像关系，故称折叠二进制码。

折叠二进制码与自然二进制码相比，有两个突出的优点：

（1）对于双极性的信号，若信号的绝对值相同，而只是极性不同，折叠二进制码就可以采用单极性的编码方法，这样可以简化编码电路。

（2）在传输的过程中出现误码时，对小信号的影响小。例如，大信号 1111 在传输中第一位发生误码变成 0111，由表 5-4-1 可以看出自然二进制码电平序号由 15 变为 7，其误差为 8 个量化级，而对于折叠二进制码则从 15 变为 0，其误差为 15 个量化级，显然折叠二进制码对大信号的影响大；当小信号 0000 在传输中第一位发生误码变成 1000，对于自然二进制码的误差为 8 个量化级，而对于折叠二进制码的误差仅为 1 个量化级。实际中的语音信号的特点就是小信号出现的概率大而大信号出现的概率小，因而对于语音信号的编码通常采用折叠二进制码。

格雷二进制码的特点是任何相邻电平的码组中只有一个码位不同，因而如果传输过程中发生一位误码，接收端恢复出来的量化电平的误差比较小。但是，实现格雷二进制码的电路较复杂，所以一般都不采用。

目前，脉冲编码调制主要运用在电话通信系统中，故在 A 律 13 折线的 30/32 路 PCM 系统中选取了折叠二进制码。

5.4.3　A 律 PCM 编码（非线性编码）规则

目前国际上普遍采用 8 位非线性编码，用于 A 律 13 折线的 30/32 路 PCM 系统的编码，这 8 位编码的安排如表 5-4-2 所示。

表 5-4-2　抽样量化值的编码安排

b_1	b_2	b_3	b_4	b_5	b_6	b_7	b_8
极性码	段落码			段内码			
正极性编为 1 负极性编为 0	对应 8 个段落			对应每个段落内的 16 个分层电平			

根据上述码位的安排，段落码、段落起始电平、段落内量化间隔与段落序号之间的关系如表 5-4-3 所示。

表 5-4-3　段落码、段落起始电平、段内量化间隔与段落号之间的关系

段号	段落码			段落起始电平	段内量化间隔
	b_2	b_3	b_4		
1	0	0	0	0	1Δ
2	0	0	1	16Δ	1Δ
3	0	1	0	32Δ	2Δ
4	0	1	1	64Δ	4Δ
5	1	0	0	128Δ	8Δ
6	1	0	1	256Δ	16Δ
7	1	1	0	512Δ	32Δ
8	1	1	1	1024Δ	64Δ

从表中不难看出，段落起始电平 $= 2^{n+2}\Delta$（$n \geqslant 2$，n 为段落号），段内量化间隔 $= 2^{n-2}\Delta$（$n \geqslant 2$，n 为段落号）。

5.4.4　逐次比较型编码原理

在 A 律的 13 折线 30/32 路 PCM 系统中，实现编码的具体方法和电路有很多，如逐次比较型编码、级联型编码和混合型编码等。而且由于大规模集成电路和超大规模集成电路技术的发展，编译码器已实现集成化。目前生产的单片集成 PCM 编译码器可以同时完成抽样、量化、压扩和编码多个功能。这里主要介绍目前比较常用的逐次比较型编码的原理。

逐次比较型编码器的原理如图 5-4-2 所示。其编码原理与天平称物体的方法类似，编码器中的抽样值（I_s）相当于天平中的被测物，而标准电流（I_w）则相当于天平中的砝码。预先设定一系列作为比较用的标准电流（通常称为权值电流，权值电流的数量与编码位数有关）。

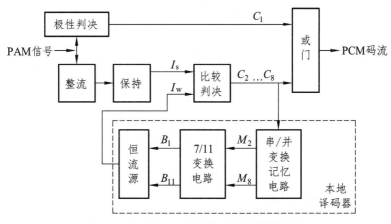

图 5-4-2　逐次比较型编码器的原理框图

抽样信号经过一个整流器，它将双极性变为单极性，并给出极性码 C_1，I_s 由保持电路短时间保持，并和几个称为权值电流的标准电流 I_w 逐一比较。每比较一次就输出 1 bit，直到 I_w 和抽样值 I_s 逼近为止。其规则如下：若 $I_s > I_w$，编码输出"1"；若 $I_s < I_w$，编码输出"0"。

逐次比较型编码器中有一个本地译码器，它由记忆电路、7/11 变换电路和恒流源网络组成。记忆电路主要用来寄存比较器输出的段落码和段内码，因为在比较的过程中，除了第一次比较外，其他各次比较都要根据前次比较的结果来确定权值电流。7/11 变换电路实质上是一个实现非线性到线性编码之间变换的数字压缩器，它将 7 位码变换成 11 位码，为恒流源解码电路提供 11 个控制脉冲。恒流源实际上是一个线性的解码电路，它用来产生各种权值电流。在恒流源中有多个基本的权值电流支路，其个数与量化的级数有关。按照 A 律 13 折线进行编码，除去极性码外还剩 7 位码；需要 11 个基本的权值电流支路，每个支路都有一个控制开关。

下面结合一个实例详细说明编码过程。

【例 5-4-1】　某模拟信号的幅度为 $-6.4 \sim +6.4\,\mathrm{V}$，对该信号采用奈奎斯特抽样，其某一抽样值为 2.55 V，采用逐次比较型编码，按照 A 律 13 折线将此抽样值编为 8 位，写出编码过程并计算量化误差。

解： 首先计算出该抽样值信号的归一化抽样值为 2.55/(6.4/2 048) = 816Δ

假设该 8 位码为 $b_1b_2b_3b_4b_5b_6b_7b_8$：

（1）确定极性码 b_1。

因为 $I_s = 816\Delta > 0$，所以 $b_1 = 1$（表示正极性）。

（2）确定段落码 $b_2b_3b_4$。

按照逐次比较规则，由表 5-4-3 可知，第一次比较应该取 8 段的中点电平作为权值电平，即 $I_w = 128\Delta$。

因为 $I_s = 816\Delta > I_w = 128\Delta$，所以 $b_2 = 1$。

表明抽样值落在 8 段中后 4 段。

故第二次比较时应该选择后 4 段的中点电平，即 $I_w = 512\Delta$。

因为 $I_s = 816\Delta > I_w = 512\Delta$，所以 $b_3 = 1$。

表明抽样值落在 8 段中的第 7 段或者第 8 段。

故第三次比较时应该选择第 7 段和第 8 段的中点电平，即 $I_w = 1\ 024\Delta$。

因为 $I_s = 816\Delta < I_w = 1\ 024\Delta$，所以 $b_4 = 0$。

表明抽样值落在 8 段中的第 7 段内，即 $b_2b_3b_4 = 110$。

（3）确定段内码 $b_5b_6b_7b_8$。

段内码的确定方法同段落码类似，关键是确定权值电平。

由于抽样值落在第 7 段内，由于该段的起点电平为 512Δ，段内量化间隔为 32Δ。

段内第 1 次比较应选段内的中点电平作为权值电平 $I_w = 512\Delta + 8 \times 32\Delta = 768\Delta$

因为 $I_s = 816\Delta > I_w = 768\Delta$，所以 $b_5 = 1$。

段内第 2 次比较的权值电平为 $I_w = 512\Delta + 12 \times 32\Delta = 896\Delta$

因为 $I_s = 816\Delta < I_w = 896\Delta$，所以 $b_6 = 0$。

段内第 3 次比较的权值电平为 $I_w = 512\Delta + 10 \times 32\Delta = 832\Delta$

因为 $I_s = 816\Delta < I_w = 832\Delta$，所以 $b_7 = 0$。

段内第 4 次比较的权值电平为 $I_w = 512\Delta + 9 \times 32\Delta = 800\Delta$

因为 $I_s = 816\Delta > I_w = 800\Delta$，所以 $b_7 = 1$。

所以，抽样样值为 2.55 V（归一化电平为 816Δ）的编码输出为 $b_1b_2b_3b_4b_5b_6b_7b_8 = 11101001$，抽样值的量化电平为 512$\Delta$ + 9 × 32Δ = 800Δ，量化误差为 816Δ – 800Δ = 16Δ。

5.4.5　PCM 信号的码元速率和传输信道带宽

由于 PCM 信号要用 8 位二进制码组表示一个抽样值，因此传输它所需要的信道带宽比模拟信号 $x(t)$ 的带宽大得多。

1. 码元速率

设 $x(t)$ 为低通信号，最高频率为 f_m，抽样速率为 f_s。若量化电平数为 L，采用 M 进制代码，则每个量化电平需要的代码数为 $n = \log_M L$。因此，码元速率为 $R_B = nf_s$。实际应用中一般采用二进制代码，则 $R_B = f_s \log_2 L$。

2. 传输 PCM 信号所需的最小带宽

抽样速率的最小值 $f_s = 2f_m$，因此最小码元传输速率为 $R_B = nf_s$，此时所具有的传输信道带宽有两种：

$$B_{PCM} = \frac{R_B}{2} = \frac{nf_s}{2}\text{（理想低通滤波器）}$$

$$B_{PCM} = R_B = nf_s\text{（升余弦传输系统）}$$

5.5　增量调制（DM）

以较低的速率获得高质量编码一直是语音编码追求的目标。通常把编码速率低于 64 kbps 的语音编码方式称为语音压缩编码技术。语音编码压缩的方法很多，如本节要讨论的增量调制，以及下节要讨论的差分脉冲编码调制和自适应差分脉冲编码调制等。

增量调制（Delta Modulation，DM 或 ΔM）是在 PCM 的基础上发展而来的另一种语音信号的编码方式，其目的在于简化模拟信号的数字化方法。增量调制电路比较简单，能以较低的数码率进行传输（通常为 16～32 kbps）。因此，增量调制在频带严格受限的传输系统（比如卫星通信、短波通信）中应用广泛。

5.5.1　增量调制的原理

增量调制是指将信号瞬时值与前一个采样时刻的量化值之差进行量化，而且只对这个差值的符号进行编码，不对差值的大小编码。因此，量化后的编码为 1 bit，如果差值是正的，就发 1，若差值是负就发 0。这是 ΔM 与 PCM 的本质区别。因此，这一位码反映了波形的变化趋势（反映了相邻两个抽样值的近似差值，即增量。增量调制也因此而得名）。增量调制的原理可用图 5-5-1 所示的波形图来解释。

在图 5-5-1 中，假设模拟信号 $x(t) \geq 0$，于是可以用一时间间隔为 Δt、幅度差为 $\pm\sigma$ 的阶梯波 $x'(t)$ 逼近它。只要 Δt 足够小，即抽样频率 $f_s = \frac{1}{\Delta t}$ 足够高，且 σ 足够小，则 $x'(t)$ 可近似于 $x(t)$。我们称 σ 为量阶，Δt 为抽样间隔。在 t_1 时刻，用 $x(t_1)$ 与 $x'(t_{1-})$（t_{1-} 表示 t_1 时刻前某瞬间）比较，若 $x(t_1) > x'(t_{1-})$，则上升一个量阶 σ，同时 DM 调制器输出 1；在 t_2 时刻，用 $x(t_2)$ 与 $x'(t_{2-})$ 比较，若 $x(t_2) < x'(t_{2-})$，则下降一个量阶 σ，同时调制器输出 0。以此类推。这样，图 5-5-1 所示的 $x(t)$ 就可得到二进制代码序列 0101111101100。除了用阶梯波 $x'(t)$ 去近似 $x(t)$ 外，也可以用图中虚线所示的锯齿波 $x_0(t)$ 去近似。无论采用哪种波形，在相邻抽样时刻，其波形幅度变化都只增加或减少一个固定的量阶 σ，并没有本质的区别，只是产生波形的实现方法不同。

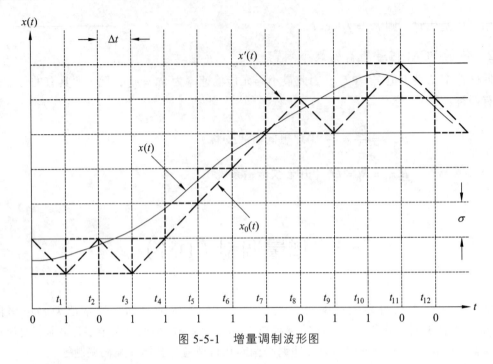

图 5-5-1　增量调制波形图

5.5.2　增量调制系统的原理框图

在分析实际的增量调制电路时，常采用图 5-5-2 所示的方框图。

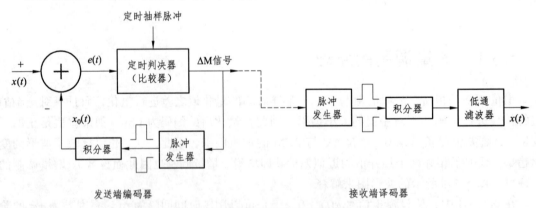

图 5-5-2　增量调制系统的原理框图

图 5-5-2 的工作过程如下：模拟信号 $x(t)$ 与来自积分器的信号 $x_0(t)$ 相减得到量化误差信号 $e(t)$。如果在抽样时刻 $e(t) > 0$，判决器（比较器）输出则为"1"；反之若 $e(t) < 0$，输出则为"0"。判决器输出一方面作为编码信号经信道送往接收端；另一方面又送往编码器内部的脉冲发生器："1"产生一个正脉冲，"0"产生一个负脉冲。积分后得到 $x_0(t)$。由于 $x_0(t)$ 与接收端译码器中积分输出信号是一致的，因此 $x_0(t)$ 常称为本地译码信号。积分器输出的信号可以有两种形式，一种是以折线近似的积分波形，另一种可以是阶梯形波形。

接收端译码器与发送端编码器中本地译码部分完全相同，只是积分器输出再经过一个低通滤波器，以滤除高频分量。

5.5.3　增量调制的带宽

从编码的基本思想来看，每抽样一次，传输一个二进制码元，则码元传输速率为 $R_B = f_s$，DM 的调制带宽 $B_{DM} = f_s = R_B$。

5.6　差分脉冲编码（DPCM）

前面已经提到，PCM 体制需要用 64 kbps 的速率传输 1 路数字电话信号，而传送 64 kbps 数字信号的最小频带理论值为 32 kHz。而模拟单边带多路载波电话占用的频带仅 4 kHz。因此，在频带宽度严格受限的传输系统中，采用 PCM 数字通信方式时的经济性能很难和模拟通信相比拟，特别是在超短波波段的移动通信网中，由于其频带有限（每路电话必须小于 25 kHz），64 kbps PCM 更难获得广泛应用。另外，对于有些信号（如图像信号等），由于信号的瞬时斜率比较大，很容易引起过载现象，所以不能用简单的增量调制，只能采用瞬时压扩的方法，但瞬时压扩实现起来比较困难。在此背景下，产生了一种综合增量调制和脉冲编码调制两者特点、利用预测编码技术的调制方式，这种方式称为差分脉冲编码调制（Differential Pulse Code Modulation，DPCM）。

5.6.1　预测编码

在预测编码中，先根据前几个抽样值计算出一个预测值，然后求出当前抽样值与预测值之差，最后对该差值进行编码并传输，此差值称为预测误差。由于抽样值与预测值之间有较强的相关性，即抽样值和其预测值非常接近，这样，预测误差的可能取值范围要比抽样值的变化范围小很多，所以就可以少用几位编码比特来对预测误差编码，从而降低其比特率。

若利用前面的几个抽样值的线性组合来预测当前的抽样值，则称为线性预测。若仅用前面的 1 个抽样值预测当前的抽样值，就是本节讨论的差分脉冲编码调制。

5.6.2　差分脉冲编码调制的原理

在 PCM 编码中，每个抽样值都要进行独立的编码，这样就需要较多的编码位数。而在 DPCM 中，只将前 1 个抽样值当作预测值，再取当前抽样值与预测值之差进行编码并传输，由于此预测误差的变化范围较小，因此它包含的冗余信息也大大减少，同时也可用较少的编码比特来对预测误差编码，从而降低了编码比特率。

通信系统中的话音等连续变化信号，其相邻抽样值之间有一定的相关性，这个相关性使信号中含有冗余信息，通过上述方案，可大大降低编码比特率。差分脉冲编码调制的系统原理如图 5-6-1 所示。

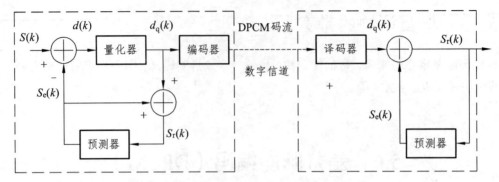

图 5-6-1　差分脉冲编码调制的系统原理图

图 5-6-1 中，发送端编码器中的预测器与接收端解码器中的预测器是完全一样的，因此，在信道传输无误码的情况下，接收端解码器输出的重构信号 $S_r(k)$ 与编码器的 $S_r(k)$ 信号是完全相同的。在 DPCM 系统中的总量化误差 $e(k)$ 如下式所示。

$$e(k) = S(k) - S_r(k) = [S_e(k) + d(k)] - [S_e(k) + d_q(k)]$$
$$= d(k) - d_q(k)$$

由上式可知，在 DPCM 系统中的总量化误差只与发送端差值量化器的量化误差有关。因此，在相同码元速率的条件下，DPCM 的量化噪声明显小于 PCM 的量化噪声。故当 DPCM 系统与 PCM 系统抗噪性能相当时，DPCM 系统可以降低对量化器的信噪比要求，即量化器可以减少量化电平数，达到减少编码位数、降低传输速率的目的。

由于 DPCM 中只将前一个抽样值当作预测值，图 5-6-1 中的预测器就可以简化为一个延时电路，其延时时间为一个抽样时间间隔。

综上所述，DPCM 与 PCM 的区别是：PCM 是用信号抽样值进行量化、编码后传输，而DPCM 则是用信号抽样值与信号预测值的差值进行量化、编码后传输。由于差值信号的动态范围一般比信号小，如果输入信号的统计特性已知，则进行适当预测可使差值信号范围更为缩小，这样就可以采用较少的位数对差值信号进行编码。例如，在较好图像质量的情况下，每一抽样值只需 4 bit 缩码即可，因此大大压缩了传送的比特率。另外，如果比特速率相同，则 DPCM 比 PCM 信噪比可改善 14 ~ 17 dB。DPCM 与 DM 的区别是：DPCM 是用 n 位二进制码表示增量，DM 只用 1 位，由于 DPCM 增加了量化级，系统的信噪比要优于 DM，但 DPCM的缺点是较易受到传输线路噪声的干扰，即在抑制信道噪声方面不如 DM。因此，DPCM 很少独立使用，一般要结合其他的编码方法使用。

5.6.2　自适应差分脉冲编码调制（ADPCM）的原理

DPCM 系统性能的改善是以最佳的预测和量化为前提的。但对语音信号进行预测和量化是复杂的技术问题，这是因为语音信号在较大的动态范围内变化。为了能在相当宽的变化范围内获得最佳的性能，可对 DPCM 系统采用自适应处理，有自适应系统的 DPCM 称为自适应差分脉冲编码调制，简称 ADPCM。

所谓自适应，是指编码器预测系数的改变与输入信号幅度值相匹配，从而使预测误差为最小值，这样预测的编码范围可减小，可在相同编码位数情况下提高信噪比。图 5-6-2 所示为 ADPCM 编码器的简化方框图。它由 PCM 码/线性码变换器、自适应量化器、自适应逆量化器、自适应预测器和量化尺度适配器组成。编码器输入的信号为非线性 PCM 码。可以是 A 律和 μ 律 PCM 码。为了便于进行数字信号运算处理，首先将 8 位非线性码变换为 12 位线性码，然后进入 ADPCM 部分。线性 PCM 信号与预测信号相减获得预测误差信号。自适应量化器将该差值信号进行量化并编成 4 位 ADPCM 码输出。因此，ADPCM 语音信号的速率为 32 kbps。

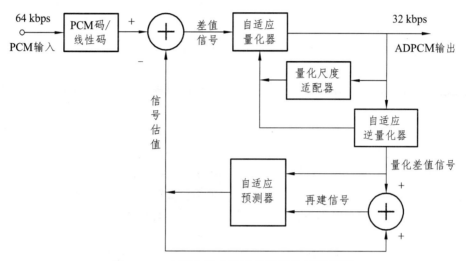

图 5-6-2　自适应差分脉冲编码器的原理框图

ADPCM 系统与 PCM 系统相比，可以大大压缩数码率和传输带宽，从而增加通信容量，用 32 kbps 的传输速率基本能满足 64 kbps 的语音质量要求。因此，国际电信联盟（ITU）建议 32 kbps 的 ADPCM 为长途传输中的一种新型国际通用的语音编码方法。

5.7　音视频编码技术

5.7.1　什么是音视频编码

所谓音视频编码，指的是将采样后的数字音频数据（PCM 等）或视频像素数据（RGB、YUV 等）压缩成为音频码流或视频码流的过程。

5.7.2　为什么要对音视频进行压缩编码

以 CD 音质为例，其采样率为 44 100 Hz，编码位数为 16 bit，声道数为 2（左右双声道立体声），则信息速率为 $44\ 100 \times 16 \times 2 = 1\ 378.125$（kbps），存储 1 min 的这类 CD 音质数据

需要占用的存储空间为 $1378.125 \times 60/8/1024 = 10.09$（MB）。

或以 PAL 制电视系统为例，其亮度信号采样频率为 13.5 MHz；色度信号的频带通常为亮度信号的一半或更少，为 6.75 MHz 或 3.375 MHz。以 4：2：2 的采样频率为例，Y 信号采用 13.5 MHz，色度信号 U 和 V 采用 6.75 MHz 采样，采样信号以 8 bit 量化，则可以计算出数字视频的码率为 $13.5 \times 8 + 6.75 \times 8 + 6.75 \times 8 = 216$（Mbps）。

如此大的传输数据量，对现行带宽造成了巨大压力，且流量资费大，存储数据量也极大，因此必须采用压缩技术以减少码率。

5.7.3 为什么音视频可以进行压缩

视频信号之所以能进行压缩，主要是因为采集到的音视频源存在冗余信息，其中视频源中的冗余信息可分为以下两种。

（1）数据冗余。例如：空间冗余、时间冗余、结构冗余、信息熵冗余等，即图像的各像素之间存在着很强的相关性。消除这些冗余并不会导致信息损失，属于无损压缩。

（2）视觉冗余。人眼的一些特性（如亮度辨别阈值、视觉阈值、对亮度和色度的敏感度）不同，使得在编码的时候即使引入适量的误差，也不会被察觉出来。因而可以利用人眼的视觉特性，以一定的客观失真换取数据压缩。这种压缩属于有损压缩。

音频源中的冗余成分指的是音频中不能被人耳感知到的信号，它们对确定声音的音色、音调等信息没有任何帮助，这包括人耳听觉范围外的音频信号，以及被掩蔽掉的音频信号等。例如，人耳所能察觉的声音信号的频率为 20 Hz ~ 20 kHz，除此之外的其他频率人耳无法察觉，都可视为冗余信号。此外，根据人耳听觉的生理和心理声学现象，当一个强音信号与一个弱音信号同时存在时，弱音信号将被强音信号所掩蔽而听不见，这样弱音信号就可以被视为冗余信号而不用传送。这就是人耳听觉的掩蔽效应。

5.7.4 常用的视频编码技术

视频编码是视音频技术中最重要的技术之一。视频码流的数据量占了音视频总数据量的绝大部分。高效率的视频编码在同等的码率下，可以获得更高的视频质量。常见的视频编码技术如表 5-7-1 所示。

表 5-7-1　主要视频编码一览表

序　号	名　称	推出机构	推出年份
1	HEVC（H.265）	MPEG/ITU-T	2013
2	MPEG4	MPEG	2001
3	MPEG2	MPEG	1994
4	VP9	Google	2013
5	VP8	Google	2008
6	VC-1	Microsoft Inc.	2006

5.7.5　常用的音频编码技术

音频编码也是一种重要的音视频编码技术，但一般情况下，音频的数据量要远小于视频的数据量，因而即使使用稍微落后的音频编码标准，导致音频数据量有所增加，也不会对音视频的总数据量产生太大的影响，高效率的音频编码在同等的码率下，可以获得更高的音质。常见的音频编码技术如表 5-7-2 所示。

表 5-7-2　主要音频编码一览表

序号	名称	推出机构	推出年份
1	AAC	MPEG	1997
2	AC-3	Dolby Inc.	1992
3	MP3	MPEG	1993
4	WMA	Microsoft Inc.	1999

由表 5-7-2 可见，近年来并未推出全新的音频编码方案，可见目前的音频编码技术已经基本可以满足人们的需要。音频编码技术近期绝大部分的改动都是在 MP3 的继任者——AAC 的基础上完成的。

5.7.6　封装格式

所谓封装格式，就是将已经编码压缩好的视频数据和音频数据按照一定的格式放到一个文件中，这个文件就称为视频封装格式（容器）。通常我们不仅仅只存放音频数据和视频数据，还会存放一些与视频同步的元数据（信息），如字幕等。这三种数据会由不同的程序来处理，但是它们在传输和存储的时候是被绑定在一起的。常见的视频封装格式如表 5-7-3 所示。

表 5-7-3　主要视频封装格式一览表

序号	名称	推出机构	流媒体	支持的视频编码	支持的音频编码	应用领域
1	MKV	CoreCodec Inc.	支持	几乎所有格式	几乎所有格式	互联网视频网站
2	FLV	Adobe Inc.	支持	Sorenson, VP6, H.264	MP3, ADPCM, Linear PCM, AAC 等	互联网视频网站
3	MP4	MPEG	支持	MPEG-2, MPEG-4, H.264, H.263 等	AAC, MPEG-1 Layers I, II, III, AC-3 等	互联网视频网站
4	TS	MPEG	支持	MPEG-1, MPEG-2, MPEG-4, H.264	MPEG-1 Layers I, II, III, AAC	IPTV，数字电视
5	RMVB	Real Networks Inc.	支持	RealVideo 8, 9, 10	AAC, Cook Codec, RealAudio Lossless	BT 下载影视
6	AVI	Microsoft Inc.	不支持	几乎所有格式	几乎所有格式	BT 下载影视

由表 5-7-3 可见，除了 AVI 之外，其他封装格式都支持流媒体，即可以"边下边播"。有些封装格式更"万能"一些，支持的音视频编码标准多一些，如 MKV，被称为万能封装器；而有些封装格式则支持的编码标准相对比较少，如 RMVB；有些封装格式可以很好地保护原

始地址，不容易被下载，如 FLV。

本章小结

（1）模拟信号数字化需要经过三个步骤，即抽样、量化和编码。

（2）抽样的理论基础是抽样定理。根据信号频带的特点，抽样定理分为低通抽样定理和带通抽样定理。已抽样信号虽然在时间上是离散的，但幅度仍然有无穷多种取值，因此，已抽样信号仍然是模拟信号。

（3）抽样信号的量化有两种方法，一种是均匀量化，另一种是非均匀量化。抽样信号量化后的量化误差又称为量化噪声。根据语音概率密度分布特性（小信号概率大，大信号概率小），从改善小信号量化信噪比着眼，提出了压缩扩张技术（非均匀量化）。ITU 对电话信号制定了非均匀量化标准建议，即 A 律和 μ 律。为了便于采用数字电路实现量化，通常采用 13 折线和 15 折线的近似算法来代替 A 律和 μ 律。

（4）量化后的信号已经是幅度为有限多种状态的多值数字信号。为了适宜传输和存储，通常用编码的方法将其变成二进制信号的形式。电话信号最常用的编码是 PCM、ΔM、DPCM 和 ADPCM，它们都属于信源编码的范畴。

（5）信源编码有两大主要任务：第一是将信源的模拟信号转换成数字信号，即通常所说的模/数转换；第二是设法降低数字信号的数码率，即通常所说的数据压缩编码比特率。数码率在通信中直接影响传输所占的带宽，而传输所占的带宽又直接反映了通信的有效性。

（6）本章介绍 DPCM、ADPCM 和 DM 的数字化原理，它们均属于 PCM 这个总体系。但 DPCM、ADPCM 和 DM 又以不同的方式扩展了技术思路。DPCM 是基于相邻样本的差值进行较低码率的预测编码，ADPCM 却是通过自适应量化与自适应预测，在多个相邻样本间进一步去掉冗余信息，并利用人耳听觉特征，以低比特率编码的编码机制。DM 可以看成是 PCM 的一个特例，它是指将信号瞬时值与前一个采样时刻的量化值之差进行量化，而且只对这个差值的符号进行编码，不对差值的大小编码。

习 题

1. 什么叫数字信号？与离散时间信号有何不同？若信号抽样量化后，样本序列是否为数字信号？

2. 试述低通和带通信号抽样定理。

3. 已知一基带信号 $m(t) = \cos 2\pi t + 2\cos 4\pi t$，对其进行理想抽样，试求：

（1）为了在接收端能不失真地从已抽样信号 $m_s(t)$ 中恢复 $m(t)$，试问抽样间隔应如何选择？

（2）若抽样间隔取为 0.2 s，试画出已抽样信号的频谱图。

4. 分别计算下列各个模拟信号的最低抽样频率。

（1）$f(t) = \cos(4\pi \times 10^3 t) + \cos(6\pi \times 10^4 t)$

（2）$f(t) = \cos(4\pi \times 10^3 t)\cos(6\pi \times 10^4 t)$

5. 简述脉冲调制、脉码调制的物理含义。这里"调制"与第 4 章的调制的含义是否不同?

6. 求 A 律 PCM 的最大量化间隔 Δ_{max} 与最小量化间隔 Δ_{min} 的比值。

7. 简述 DPCM 与 PCM 和 ΔM 的区别。

8. 若 13 折线 A 律编码器的过载电平 $V = 5$ V,输入抽样脉冲幅度为 -0.937sv。设最小量化间隔为 2 个单位,最大量化器的分层电平为 4 096 个单位。试求输出编码器的码组,并计算量化误差。

9. 采用 13 折线 A 律编码,设最小量化间隔为 1 个单位,已知抽样脉冲值为 $+635$ 单位。试求此时编码器输出组,并计算量化误差。

10. 在 PCM 系统中,已知某抽样量化值为 -298Δ,其中 $\Delta = 1/2\,048$,将其按照逐次比较法进行编码,写出编码过程。

11. 设过载电压为 2 048 mV,试对 260 mV 的 PAM 信号按 A 律 13 折线编码,并计算接收端的误差。

12. 一单路话音信号的最高频率为 4 kHz,抽样频率为 8 kHz,以 PCM 方式传输。设传输信号的波形为矩形脉冲,其宽度为 τ,且占空比为 1,试求:

(1) 若抽样后信号按 8 级量化,PCM 基带信号频谱的第一零点频率为多少?

(2) 若抽样后信号按 128 级量化,PCM 基带信号的第一零点频率又为多少?

第6章 数字基带传输系统

【本章导读】

- 数字基带信号的功率谱
- 常见的传输码型
- 奈奎斯特第一准则
- 无码间串扰的传输波形
- 眼图

6.1 引 言

数字通信系统的根本任务是传输数字信息。一般来说，数字信息的来源有两个：一个是模拟信号（如话音、图像等）经过 A/D 变换（PCM、DPCM、ADPCM、ΔM 等）后的脉冲编码信号；另一个是来自计算机、电传机、发报机等数字信源发出的数字信号。这些信号有一个共同的特点，就是它们的功率谱密度是低通型的，所占带宽是从零频或零频附近开始的，主要集中在一个有限的频带内，频谱中含有丰富的低频分量，甚至有直流分量存在，这种信号通常被称为数字基带信号。

如何传输数字基带信号呢？通常有两种方式：基带传输和频带传输。能够实现基带传输功能的系统称为数字基带传输系统（如图 6-1-1 所示），能够实现频带传输功能的系统称为数字频带传输系统（如图 6-1-2 所示）。

在基带传输系统中，数字基带信号不经载波调制而直接进行传输，显然该传输方式仅适用于具有低通特性的有线信道中，特别是传输距离不太远的情况。

大多数实际的信道都是带通型的，这时就必须采用频带传输，即先用数字基带信号对载波进行调制，将频谱搬移到高频载波处才能在信道中传输。

实际应用中，虽然数字基带传输系统远不如数字频带传输系统应用广泛，但是对数字基带传输系统的研究仍然非常有意义。一方面，数字基带传输系统中的许多问题都是数字频带系统中所需要解决的；另一方面，从广义信道的角度上讲，数字频带传输系统可以当作基带传输系统来研究。因此，掌握数字基带传输系统的传输原理是十分重要的。

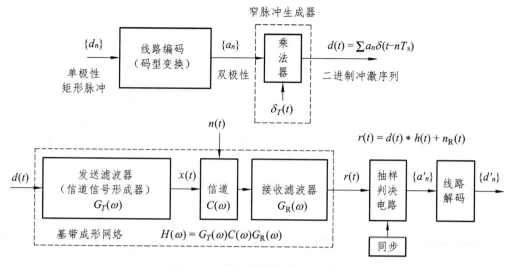

图 6-1-1　数字基带传输系统模型

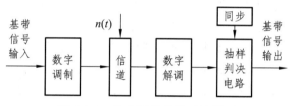

图 6-1-2　数字频带传输系统模型

6.2　数字基带信号的码型

6.2.1　基带信号的数学描述

数字通信中，常用一组时间间隔相同的符号来表示数字信息：

$$\ldots, a_{-2}, a_{-1}, a_0, a_1, a_2, \ldots$$

简记为 $\{a_n\}$，如二进制信息 101010101011101。a_n 是其中的一个符号，称为码元，其时间间隔称为码元长度（也称码元周期）。每个码元只能取离散的有限个值。例如，在二进制中，a_n 取 0、1 或 +1、-1；在四进制中，a_n 可取 0、1、2 和 3。

但是上述这些符号并没有任何的物理意义，只不过是用来表示信息的一些抽象符号。因此，需要有明确物理意义的波形来表示或者"携带"这些数字信息，这个波形就是码元。

若表示各码元的波形相同〔假设为 $g(t)$〕而电平取值不同，则数字基带信号可表示为

$$s(t) = \sum_{n=-\infty}^{\infty} a_n g(t - nT_s) \tag{6-2-1}$$

式（6-2-1）中，a_n 为第 n 个码元所对应的电平值（0、1 或 +1、-1），它是一个随机量；T_s

为码元长度；$g(t)$ 为某种脉冲波形。

需要指出的是，为了保证信号在基带传输系统中可靠传输，码元的形式并非都是 0 和 + 1 这种单极型，也可能是 – 1 和 + 1 这种双极型，码元周期内的电平值并非一直保持不变（不归零），也可能在某一时刻回到零电平（归零）。通常把码元的排列规律称为码型，把基带信号中码元的排列形式变换成适合信道传输的码元形式的过程称为码型变换（或称线路编码）。另外，表示码元的脉冲波形并非一定是矩形波，根据实际需要和信道情况，还可以是三角波、升余弦脉冲等其他形式的信号波形（为了方便起见，后面在介绍常用码型的脉冲波形时我们仍采用矩形波表示）。

6.2.2 基带传输中的码型和波形

为了强调基带传输中码型设计和波形选择的重要性，我们首先定性分析一下基带信号的传输过程。在图 6-1-1 中，数字信号经过线路编码得到适合信道传输的码型，经过窄脉冲生成器产生冲激序列 $\sum a_n \delta(t - nT_s)$，发送滤波器将冲激序列转换为适合信道传输的基带信号。发送滤波器可以限制发送信号的频带，阻止不必要的高频成分干扰邻近信道。基带信号经过信道传输后，由于信道传输特性不理想，会受到噪声干扰。受到噪声干扰的基带信号通过接收滤波器进行接收，接收滤波器的功能是接收有用信号、尽可能滤除信号带宽以外的噪声并对失真波形进行均衡。因此，接收滤波器的输出信号 $r(t)$ 包括有用信号 $\sum a_n h(t - nT_s)$ 和干扰信号 $n_R(t)$，其中 a_n 与线路传输码型有关，$h(t)$ 是一个基本波形，即由发送滤波器、信道和接收滤波器三部分所组成的线性网络的冲激响应，通常将这三部分合起来称为基带成形网络，它是确保信号波形可靠传输的关键，抽样判决电路在最佳时刻、用最佳门限判决再生出原始的冲激序列，通过线路解码恢复出发送端的数字信息，这就是完整的基带传输过程。

从上面的分析不难看出，数字基带传输过程可分成码型编码和波形成形两步，线路码型 a_n 的选择和基带脉冲波形 $h(t)$ 的选择是数字基带传输系统设计的两大主要任务，是保证传输误码率最低的关键。本节先讨论码型的选择问题，波形选择的问题将在 6.4 节讨论。

6.2.3 码型设计的原则

传输码型也称为传输码、线路码，是为适合信道传输而设计的码型，不同形式的码型信号具有不同的频谱结构，合理设计码型使之适合于给定信道的传输特性，是基带传输首先要考虑的问题。对于码型的选择，通常要考虑以下原则。

（1）线路传输码型的频谱中应不含有直流分量，同时低频分量要尽量少。

（2）线路码型中高频分量应尽量少。电缆中线对间由于电磁辐射而引起的串话随频率升高而加剧，会限制信号的传输距离或传输容量，因此线路码型中高频分量应尽量少。

（3）易于从线路码型中提取时钟分量。接收端的时钟和发送端的时钟必须保持同步，所以接收端需要从接收码流中提取时钟分量。也就是说，线路传输码型的频谱中应该包含定时时钟信息，并经过简单变换就能在接收端得到时钟信息。

（4）线路码型具有一定的误码检测能力。

（5）编译码的设备应尽量简单。数字基带信号的码型种类很多，并不是所有的码型都能满足上述要求。因此在实际应用中，往往要根据实际需求进行选择。

下面以传输二进制数字信息 "01000011000001010" 为例，介绍目前基带传输中的常用码型。

6.2.4　基带传输中的常用码型

1. 单极性不归零码

所谓单极性，是指用正电平和零电平分别对应二进制码 "1" 和 "0"，或者说，它在一个码元时间内用脉冲的有或无来表示 "1" 和 "0"，当然反过来表示也是可以的；所谓不归零（Non-Return-to-Zero，NRZ），是指在整个码元周期内电平保持不变，其占空比 $\tau/T = 100\%$。单极性不归零码的波形如图 6-2-1（a）所示。

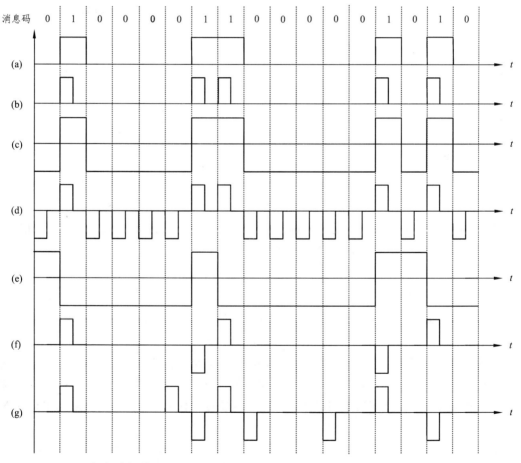

（a）单极性 NRZ 码　（b）单极性 RZ 码　（c）双极性 NRZ 码
（d）双极性 RZ 码　（e）差分码　（f）AMI 码　（g）HDB3 码

图 6-2-1　几种常用的二进制码型

对确定信号可用傅氏变换求得其频谱，但实际传输中的基带信号是一个随机脉冲序列，没有确定的频谱函数，所以只能用统计的方法求出其功率谱密度，用功率谱密度来描述脉冲序列的频谱特性。单极性不归零码的功率谱如图 6-2-2 中实线所示。

单极性不归零码有以下缺点。

（1）有直流成分，低频成分大。

（2）遇长连 1 或长连 0 时，提取位定时信号很困难。

（3）码间干扰大。

（4）前后码元相互独立，无检错的能力。

（5）传输时要求信道的一端接地。

因此 NRZ 码不适合在电缆信道中传输。

2．单极性归零码

所谓归零码（Return-to-Zero，RZ），是指在码元周期内的某个时刻又回到零电平（通常为码元周期的中点，此时占空比为 $\tau/T = 50\%$）。RZ 码与 NRZ 码的区别是占空比不同，NRZ 码的占空比为 100%，RZ 码的占空比通常为 50%。单极性归零码的波形如图 6-2-1（b）所示，功率谱如图 6-2-2 中虚线所示。

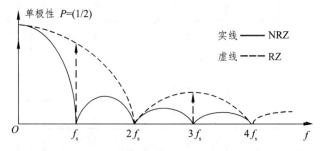

图 6-2-2　单极性 NRZ 码和 RZ 码的功率谱

RZ 码归零码的功率谱有位定时分量，不出现长 0 时，可直接提取。因此，其他码型在提取位定时信号时，通常将 RZ 码作为一种过渡码型。但除此以外，RZ 码同样具有 NRZ 码的缺点。

3．双极性不归零码

所谓双极性是指用正电平和负电平两种极性分别表示"1"和"0"，双极性不归零码的波形如图 6-2-1（c）所示，功率谱如图 6-2-2 中实线所示。

从功率谱可以看出，在 0 和 1 等概率的前提下，双极性码无直流成分，可以在电缆等无接地的传输线上传输，因此得到了较多的应用，如计算机中使用的串行 RS-232 接口就采用这种编码传输方式。但其在功率谱分布、位定时信号的提取及检错方面的问题与单极性 NRZ 码相同。

4．双极性归零码

双极性归零码构成原理与单极性归零码相同，0 和 1 在传输线路上分别用负电平和正电平表示，且相邻脉冲间必有零电平区域存在。双极性归零码的波形如图 6-2-1（d）所示，功率谱如图 6-2-3 中虚线所示。

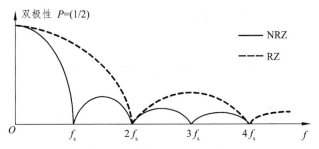

图 6-2-3　双极性 NRZ 码和 RZ 码的功率谱

对于双极性归零码，在接收端，当接收波形归于零电平便可得知 1 bit 信息已接收完毕，可以准备下 1 bit 信息的接收。所以，在发送端不必按一定的周期发送信息。可以认为正负脉冲前沿起了启动信号的作用，后沿起了终止信号的作用。这样可以经常保持正确的位同步。即收发之间无须特别定时，且各符号独立地构成起、止方式，此方式也叫自同步方式。

双极性归零码具有双极性非归零码的抗干扰能力强及码中不含直流成分的优点，应用比较广泛。

从以上四种码型可以看出：

（1）功率谱的形状取决于单个脉冲波形的频谱函数。例如，单极性矩形波的频谱函数为 $Sa(x)$，功率谱形状为 $Sa^2(x)$。

（2）二进制基带信号的带宽主要取决于时域波形的占空比。占空比越小，频带越宽。若以功率谱的第一个零点计算，NRZ（脉冲宽度 τ=码元周期 T_s）基带信号的带宽为 $1/\tau=f_s$；RZ（$\tau=T_s/2$）基带信号的带宽为 $1/\tau=2f_s$。其中，$f_s=1/T_s$，是位定时信号的频率，它在数值上与码元速率 R_B 相等。

（3）二进制随机脉冲序列的功率谱一般包含连续谱和离散谱两部分。其中，连续谱总是存在的，通过连续谱在频谱上的分布，可以看出信号功率在频率上的分布情况，从而确定传输数字信号的带宽。但离散谱却不一定存在，它取决于矩形脉冲的占空比，而离散谱的存在与否关系到能否从脉冲序列中直接提取位定时信息。如果做不到这一点，则要设法变换基带信号的波形，以利于位定时信号的提取。离散谱包括直流、位定时分量 f_s 及 f_s 的谐波。

（4）双极性码在 1、0 码等概率出现时，不论归零与否，都没有直流成分和离散谱。这就意味着这种脉冲序列无直流分量和位定时分量。除非有特别说明，数字信息一般都指 0、1 等概率的情况。

（5）单极性 RZ 信号中含有定时分量，可以直接提取。单极性 NRZ 信号中没有定时分量，若想获取定时分量，要进行波形变换。以单极性全占空脉冲序列为例，其变换过程如图 6-2-4 所示。

将图 6-2-4（a）所示的单极性不归零脉冲序列经微分电路，在跳变沿处得到尖脉冲序列［见图 6-2-4（b）］。将双极性尖脉冲序列（b）经全波整流后得到单极性尖脉冲序列（c），再经过成形电路便得到了单极性半占空脉冲序列（d）。

有了以上这些结论，就可以对其他脉冲序列的功率谱进行定性分析了。当然，具体的功率谱公式必须经过定量计算。通过频谱分析，我们可以确定信号需要占据的频带宽度，还可以获得信号谱中的直流分量、位定时分量、主瓣宽度和谱滚降衰减速度等信息。这样，就可以针对信号频谱的特点来选择相匹配的信道，或者说根据信道的传输特性来选择适合的信号形式或码型。接下来，我们讲解基带传输中另外三种传输码型。

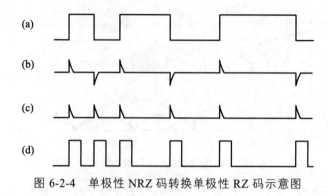

图 6-2-4　单极性 NRZ 码转换单极性 RZ 码示意图

5．差分码

在差分码中，用相邻码元的电平的跳变和不变来表示"1"和"0"，图 6-2-1（e）中，以电平跳变表示"1"，以电平不变表示"0"。当然也可以以电平跳变表示"0"，以电平不变表示"1"。由于电平只具有相对意义，所以又称为相对码。用差分波形传送代码可以消除设备初始状态的影响。

在电报通信中，常把"1"称为传号（mark），把"0"称为空号（space）。若用电平跳变表示"1"，称为传号差分码；若用电平跳变表示"0"，称为空号差分码。

6．AMI 码

传号交替反转码（Alternative Mark Inversion，AMI）是一种适用于基带传输的码型。AMI 码对应的波形是具有正、负、零三种电平的脉冲序列。

AMI 码的编码规则是：将消息码的"1"（传号）交替地变换为"＋1"和"－1"，而"0"（空号）保持不变。其波形如图 6-2-1（f）所示，功率谱如图 6-2-5 所示。

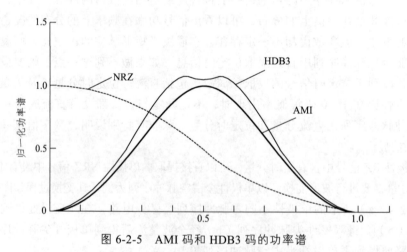

图 6-2-5　AMI 码和 HDB3 码的功率谱

AMI 码的波形是双极性的，单个脉冲波形为半占空归零脉冲，所以 AMI 码有以下优点。

（1）无直流分量，低频分量也较少，可用于有交流耦合（如用变压器）的信道。

（2）功率谱中虽然没有位定时分量，但对 AMI 码进行全波整流后即得到单极性归零码，可从中提取位定时信号。

（3）传号码的极性是交替的，如果接收端发现码序列不符合这种规律，就一定是出现了误码，所以 AMI 码具有检错的能力。

由于上述优点，AMI 码得到了广泛的应用。

如果二进制码中出现长连"0"码，则 AMI 码将出现长时间的"0"电平，这就不利于位定时信号的提取。为了解决这一问题，必须对 AMI 码加以改进。

7．HDB3 码

三阶高密度双极性码（High Density Bipolar of Order 3，HDB3 码）也是一种适用于基带传输的编码方式，它是为了克服 AMI 码的缺点而出现的。HDB3 码保留了 AMI 码的所有优点，还可将连"0"码限制在 3 个以内，以解决 AMI 码遇长连"0"时提取位定时信号的困难。

HDB3 码编码规则：

（1）检查消息码中"0"的个数。当连"0"数目小于等于 3 时，HDB3 码与 AMI 码的编码规律相同。

（2）当连"0"数目超过 3 个时，先将消息码中的"1"码用 B 码代替，然后将每 4 个连"0"用取代节 000V 或 B00V 代替。替换时要确保任意两个相邻 V 脉冲间的 B 脉冲数目为奇数，即当两个 V 脉冲之间的传号数为奇数时采用 000V 取代节，偶数时采用 B00V 取代节。

取代节中：V 称为破坏脉冲，其功能是破坏极性交替变换，即 V 与前一个相邻的非"0"脉冲的极性相同；B 称为调节脉冲，其功能是满足极性交替变换。V 和 B 均代表"1"码且可正可负，即"V±"和"B±"脉冲与"±1"脉冲波形相同。

HDB3 码的波形如图 6-2-1（g）所示，功率谱如图 6-2-5 所示。HDB3 码的功率谱与 AMI 码的功率谱大体相同，图 6-2-5 中还用虚线画出了 NRZ 码的功率谱，以示比较。

HDB3 码具有无直流、低频成分少，频带较窄，提取同步信息方便等优点，是应用最广泛的码型，目前四次群以下的 A 律 PCM 终端设备的接口码型均为 HDB3 码。

6.3　无码间串扰的基带传输特性

6.3.1　码间串扰

6.2 节已经谈到，数字基带信号在通过基带传输系统时，由于码间信道传输特性不理想，会造成波形畸变，导致脉冲展宽，延伸到临近码元中去，从而造成对邻近码元的干扰，我们将这种现象称为码间串扰（ISI，Inter-Symbol Interfevence）。如图 6-3-1 所示。

码间串扰和信道噪声是影响基带信号进行可靠传输的两大主要因素，而二者都与基带传输系统总的传输特性 $H(\omega)$ 有密切的关系。如何使基带系统的总传输特性能够将码间串扰和噪声的影响减到足够小的程度，是基带传输系统的设计目标。

由于码间串扰和信道噪声产生的原理不同，需要分别进行讨论。本书仅讨论在没有噪声的条件下码间串扰与基带传输特性的关系。

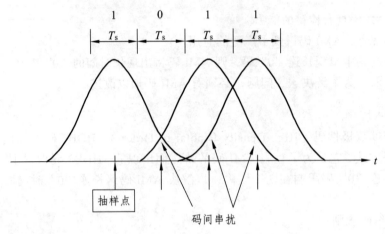

图 6-3-1 码间串扰示意图

6.3.2 码间串扰的数学分析

由图 6-1-1 可知，基带成形网络的输入信号为 $d(t)$

$$d(t) = \sum_{n=-\infty}^{\infty} a_n \delta(t - nT_s) \tag{6-3-1}$$

这个信号是由时间间隔为 T_s 的单位冲激响应 $\delta(t)$ 构成的序列，每一个 $\delta(t)$ 的强度由 a_n 决定。

设发送滤波器的传输特性为 $G_T(\omega)$，则

$$g_T(t) = \frac{1}{2\pi} \int_{-\infty}^{\infty} G_T(\omega) e^{j\omega t} d\omega \tag{6-3-2}$$

当 $d(t)$ 激励被发送滤波器时，发送滤波器的输出信号为

$$p(t) = d(t) * g_T(t) = \sum_{n=-\infty}^{\infty} a_n g_T(t - nT_s) \tag{6-3-3}$$

$g_T(t)$ 就是单个 $\delta(t)$ 作用下形成的基本波形，即发送滤波器的冲激响应。

若再假设信道的传输特性为 $C(\omega)$，接收滤波器的传输特性为 $G_R(\omega)$，则基带传输系统总的传输特性为

$$H(\omega) = G_T(\omega) C(\omega) G_R(\omega) \tag{6-3-4}$$

其单位冲激响应为

$$h(t) = \frac{1}{2\pi} \int_{-\infty}^{\infty} H(\omega) e^{j\omega t} d\omega \tag{6-3-5}$$

$h(t)$ 是在单个 $\delta(t)$ 作用下，$H(\omega)$ 形成的输出波形。因此在冲激脉冲序列 $d(t)$ 作用下，接收滤波器输出信号 $r(t)$ 可表示为

$$r(t) = d(t) * h(t) + n_{\mathrm{R}}(t)$$
$$= \sum_{n=-\infty}^{\infty} a_n \delta(t - nT_{\mathrm{s}}) h(t) + n_{\mathrm{R}}(t) \qquad (6\text{-}3\text{-}6)$$
$$= \sum_{n=-\infty}^{\infty} a_n h(t - nT_{\mathrm{s}}) + n_{\mathrm{R}}(t)$$

其中 $n_{\mathrm{R}}(t)$ 为加性噪声 $n(t)$ 经过接收滤波器后的波形。

　　然后，抽样判决器对 $r(t)$ 进行抽样判决，以确定所传输的数字序列。例如，为了抽取第 k 个码元 a_k 的数值，一般选取在 $t = kT_{\mathrm{s}} + t_0$ 时刻上对 $r(t)$ 进行抽样，t_0 是信号通过信道和接收滤波器产生的延迟时间。由上式可得抽样后的信号

$$r(kT_{\mathrm{s}} + t_0) = \underline{a_k h(t_0)} + \underline{\underline{\sum_{\substack{n=-\infty \\ n \neq k}}^{\infty} a_n h(kT_{\mathrm{s}} + t_0 - nT_{\mathrm{s}})}} + \underline{\underline{\underline{n_{\mathrm{R}}(kT_{\mathrm{s}} + t_0)}}} \qquad (6\text{-}3\text{-}7)$$

式中，第一项 $a_k h(t_0)$ 是第 k 个接收码元波形的抽样值，它是确定 a_k 的依据；第二项（Σ项）是除第 k 个码元以外的其他码元波形在第 k 个抽样时刻上的总和（代数和），它对当前码元 a_k 的判决起着干扰的作用，所以称之为码间串扰值。

6.3.3　无码间串扰的传输条件

1．消除码间串扰的基本思想

由前面的分析可知，若要消除码间串扰，应使 $\sum\limits_{n \neq k} a_n h(kT_{\mathrm{s}} + t_0 - nT_{\mathrm{s}}) = 0$，可考虑以下三种措施：

措施 1：控制 a_n 的取值，使各项相互抵消进而使码间串扰为 0，但由于 a_n 是随机量，该措施不可行。

措施 2：对 $h(t)$ 的波形提出要求，要求相邻码元中，前一个码元的波形到达后一个码元抽样时刻时已衰减到 0。实际中这种波形很难实现，$h(t)$ 的波形往往有很长的"拖尾"，该措施也不可行。

措施 3：对 $h(t)$ 的波形提出要求，如果"拖尾"不能避免，只要让"拖尾"在 $t_0 + T_{\mathrm{s}}$、$t_0 + 2T_{\mathrm{s}}$ 等后面码元抽样判决时刻上正好为 0，就能消除码间串扰，如图 6-3-2 所示。这就是消除码间串扰的基本思想。

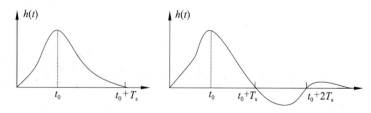

图 6-3-2　消除码间串扰的原理

　　满足什么样的条件就能够产生上述 $h(t)$ 波形呢？下面我们分别推导无码间串扰传输的时域条件和频域条件。

通信原理

2．无码间串扰传输的时域条件

从时域看，只要基带传输系统的冲激响应波形 $h(t)$ 仅在本码元的抽样时刻上有最大值，并在其他码元的抽样时刻上均为 0，即可消除码间串扰。也就是说，若对 $h(t)$ 在时刻 $t = kT_s$（这里假设信道和接收滤波器所造成的延迟 $t_0 = 0$）抽样，则应有下式成立。

$$h(kT_s) = \begin{cases} 1, & k = 0 \\ 0, & k \text{ 为其他整数} \end{cases} \tag{6-3-8}$$

式（6-3-8）称为无码间串扰的时域条件。

3．无码间串扰传输的频域条件

从频域看，如何产生合适的 $h(t)$ 波形，实际上就是如何设计 $H(\omega)$ 特性的问题，下面我们推导符合上述条件的 $H(\omega)$。

因为

$$h(t) = \frac{1}{2\pi} \int_{-\infty}^{\infty} H(\omega) e^{j\omega t} d\omega$$

在 $t = kT_s$ 时，有

$$h(kT_s) = \frac{1}{2\pi} \int_{-\infty}^{\infty} H(\omega) e^{j\omega kT_s} d\omega \tag{6-3-9}$$

把上式的积分区间用分段积分求和代替，每段长为 $2\pi/T_s$，则上式可写成

$$h(kT_s) = \frac{1}{2\pi} \sum_i \int_{(2i-1)\pi/T_s}^{(2i+1)\pi/T_s} H(\omega) e^{j\omega kT_s} d\omega \tag{6-3-10}$$

通过变量代换、次序互换等处理，可得到

$$h(kT_s) = \frac{1}{2\pi} \int_{-\pi/T_s}^{\pi/T_s} \sum_i H\left(\omega + \frac{2i\pi}{T_s}\right) e^{j\omega kT_s} d\omega \tag{6-3-11}$$

由傅里叶级数可知，若 $F(\omega)$ 是周期为 $2\pi/T_s$ 的频率函数，则可用指数型傅里叶级数表示为

$$F(\omega) = \sum_n f_n e^{-jn\omega T_s} \tag{6-3-12}$$

$$f_n = \frac{T_s}{2\pi} \int_{-\pi/T_s}^{\pi/T_s} F(\omega) e^{jn\omega T_s} d\omega \tag{6-3-13}$$

将式（6-3-13）与式（6-3-11）对照，我们发现，$h(kT_s)$ 就是 $\frac{1}{T_s} \sum_i H\left(\omega + \frac{2i\pi}{T_s}\right)$ 的指数型傅里叶级数的系数，即有

$$\frac{1}{T_s} \sum_i H\left(\omega + \frac{2\pi i}{T_s}\right) = \sum_k h(kT_s) e^{-j\omega kT_s}, \quad |\omega| \leq \frac{\pi}{T_s} \tag{6-3-14}$$

即

$$\sum_i H\left(\omega+\frac{2\pi i}{T_s}\right)=T_s, \quad |\omega|\leqslant\frac{\pi}{T_3} \tag{6-3-15}$$

式（6-3-15）是无码间串扰传输的频域条件，基带系统的总特性 $H(\omega)$ 凡是符合此要求的，就能产生抽样值无串扰的波形，就能消除码间串扰。这就给我们检验一个给定系统特性 $H(\omega)$ 是否会引起码间串扰提供了一种准则，此准则称为奈奎斯特（Nyquist）第一准则。

奈奎斯特第一准则也称抽样点无失真准则或无码间串扰准则。即如果信号经传输后整个波形发生了变化，但只要其特定点的抽样值保持不变，那么用再次抽样的方法仍然可以准确无误地恢复原始信码。

频域条件的物理意义是：将传递函数 $H(\omega)$ 在 ω 轴上以 $2\pi/T_s$ 为间隔切开，然后分段沿 ω 轴平移到 $\left(-\frac{\pi}{T_s},\frac{\pi}{T_s}\right)$ 区间内，将它们叠加起来，其结果应当是一个与频率无关的常数（不必一定是 T_s）。或者可归纳为：一个实际的 $H(\omega)$ 特性若能等效成一个理想（矩形）低通滤波器，则可实现无码间串扰。

如图 6-3-3 所示。在 $\left(-\frac{\pi}{T},\frac{\pi}{T}\right)$ 范围系统的传递函数叠加后为一常数，则该系统可实现无码间串扰。

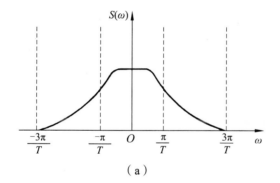
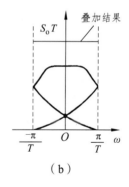

图 6-3-3　满足无码间串扰的传递函数

6.4　无码间串扰的传输波形

6.4.1　理想低通信号

满足奈奎斯特第一准则的 $H(\omega)$ 有很多种，容易想到的一种极限情况就是 $H(\omega)$ 为理想低通型（见图 6-4-1），即

$$H(\omega) = \begin{cases} T_{s}, & |\omega| \leqslant \dfrac{\pi}{T_{s}} \\ 0, & |\omega| > \dfrac{\pi}{T_{s}} \end{cases}$$

图 6-4-1　理想低通系统的传递函数

这时,系统为一理想低通系统,理想低通系统产生的信号称为理想低通信号。系统的冲激响应为

$$h(t) = \frac{\sin \dfrac{\pi t}{T_{s}}}{\dfrac{\pi t}{T_{s}}} = Sa\left(\frac{\pi t}{T_{s}}\right)$$

其波形如图 6-4-2 所示。

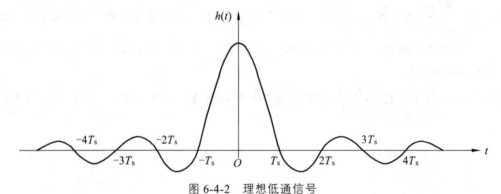

图 6-4-2　理想低通信号

由图 6-4-2 可知,$h(t)$ 在 $t = \pm kT_{s}$($k \neq 0$)时有周期性零点,当发送序列的时间间隔为 T_{s} 时,正好巧妙地利用了这些零点。只要接收端在 $t = kT_{s}$ 时间点上抽样,就能实现无码间串扰。

下面我们分析一下理想低通系统的一些性能指标。

由图 6-4-1 可知,理想低通系统的传输带宽为

$$B = \frac{\pi/T_{s}}{2\pi} = \frac{1}{2T_{s}}$$

此时,若以 $R_{B} = 1/T_{s}$ 的码元速率进行传输,则在抽样时刻上不存在码间串扰,若以高于 $1/T_{s}$ 的码元速率传输,就会出现码间串扰。

这时频带利用率 η 为

$$\eta = \frac{R_{B}}{B} = \frac{1/T_{s}}{1/2T_{s}} = 2 \text{ (Baud/Hz)}$$

在抽样值无串扰条件下,这是基带系统传输所能达到的极限情况。也就是说,在频带 f_{c} 内,速率 $2f_{c}$ 是极限速率,这个极限速率是不能逾越的,任何数字传输系统都必须遵守。或者说,若已知码元速率为 $R_{B} = 1/T_{s}$,则最小传输带宽是码元速率的一半。这里的码元可以是二元码,也可以是多元码。

又因为码元速率相同时,二进制码元和 M 进制码元的传输带宽是相同的。这样,基带系

统传输 M 进制码元所达到的最高频带利用率为

$$\eta = \frac{R_B}{B} \log_2 M \text{ (Baud/Hz)}$$

因此，当传输系统的带宽一定时，在无码间串扰的条件下，可以通过提高多进制数 M 来提高系统的信息传输速率。当然，M 的提高将要求系统提供更高的信噪比来保证接收端的正确判决。

虽然理想低通信号可达到系统传输能力的极限值，但是这种波形实际中是不可能实现的。这是因为理想低通系统的传输特性具有无限陡峭的过渡带，工程上无法实现。即使获得了这种传输特性，其冲激响应波形的尾部衰减特性很差，尾部仅按 $1/t$ 的速度衰减。接收波形在再生判决中还要再抽样一次，这样就要求接收端的抽样定时脉冲必须准确无误，若稍有偏差，就会引入明显的码间串扰。故理想低通信号不能实用。

6.4.2　余弦滚降信号

理想低通传输特性是我们所追求的网络特性，它不仅消除码间干扰，而且能够达到性能极限，然而它是非物理可实现的。为了解决这个问题，可对理想低通的锐截止特性进行适当"圆滑"（通常称为滚降），即把锐截止变成缓慢截止，这样的滤波器物理上是可实现的。

目前常用的滚降特性有余弦滚降和直线滚降两种，下面以常用的余弦滚降特性为例讲解无码间串扰传输。

在图 6-4-3 中，滚降特性 $H(\omega)$ 可以看成是理想低通和另一传递函数的叠加。可以证明，只要 $H(\omega)$ 在滚降段中心频率处（f_N，0.5）呈奇对称的振幅特性，就必然可以满足奈奎斯特第一准则，从而实现无码间串扰传输。f_N 称为奈奎斯特带宽，f_Δ 称为超出奈奎斯特带宽的扩展量，（f_N，0.5）称为互补对称点。

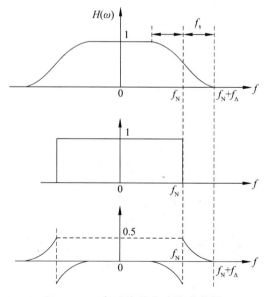

图 6-4-3　奇对称的余弦滚降特性

余弦滚降系统的传递函数 $H(\omega)$ 为

$$H(\omega) = \begin{cases} T_s, & 0 \leqslant |\omega| < \dfrac{(1-\alpha)\pi}{T_s} \\[2mm] \dfrac{T_s}{2}\left[1+\sin\dfrac{T_s}{2\alpha}\left(\dfrac{\pi}{T_s}-\omega\right)\right], & \dfrac{(1-\alpha)\pi}{T_s} \leqslant |\omega| < \dfrac{(1+\alpha)\pi}{T_s} \\[2mm] 0, & |\omega| \geqslant \dfrac{(1+\alpha)\pi}{T_s} \end{cases}$$

系统的冲激响应 $h(t)$ 为

$$h(t) = \frac{\sin(\pi t/T_s)}{\pi t/T_s} \cdot \frac{\cos(\alpha \pi t/T_s)}{1-4\alpha^2 t^2/T_s^2}$$

式中，α 为滚降系数，用于描述滚降程度，α 定义为

$$\alpha = \frac{f_\Delta}{f_N}$$

其中，f_N 为奈奎斯特带宽；f_Δ 为超出奈奎斯特带宽的扩展量；α 的取值范围是 $0 \leq \alpha \leq 1$。$\alpha=0$ 时，$f_\Delta=0$，为理想低通特性；$\alpha=1$ 时，$f_\Delta = f_N$，为升余弦特性。

图 6-4-4 所示为几种滚降特性和冲激响应曲线，可以看出，滚降系数越大，$h(t)$ 的拖尾衰减越快，传输带宽越大，余弦滚降系统的最高频带利用率为

$$\eta = \frac{R_B}{B} = \frac{2f_N}{(1+\alpha)f_N} = \frac{2}{(1+\alpha)} \quad (\text{Baud}/\text{Hz})$$

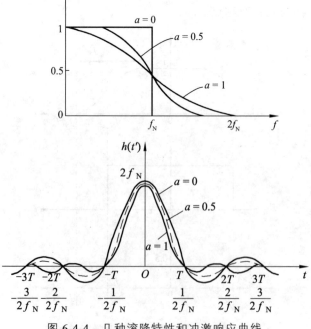

图 6-4-4　几种滚降特性和冲激响应曲线

【例 6-4-1】　某一基带传输系统特性如图 6-4-5 所示。

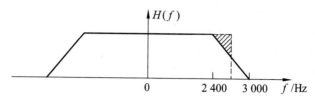

图 6-4-5　某基带传输系统特性

试求：（1）奈奎斯特带宽 f_N。

（2）系统滚降系数 α。

（3）码元速率 R_B。

（4）采用四电平传输时信息传输速率 R_b。

（5）频带利用率 η。

解：（1）$f_N = 2400 + \dfrac{3000 - 2400}{2}$ (Hz) $= 2700$ (Hz)

（2）$\alpha = \dfrac{300}{2700} = \dfrac{1}{9}$

（3）$R_B = 2f_N = 5400$ (Baud)

（4）$R_b = R_B \log_2 4 = 10\,800$ (bps)

（5）$\eta = \dfrac{10\,800}{3000}$ (bps/Hz) $= 3.6$ (bps/Hz)

【例 6-4-2】　理想低通型信道的截止频率为 3000 Hz，当传输以下二电平信号时，求信号的频带利用率和最高信息速率。

（1）理想低通信号。

（2）$a = 0.4$ 的升余弦滚降信号。

解：（1）理想低通信号的频带利用率为

$$\eta_b = 2 \text{ (bps / Hz)}$$

取信号的带宽为信道的带宽，由 η_b 的定义式

$$\eta_b = \frac{R_b}{B}$$

可求出二进制时最高信息传输速率为

$$R_b = \eta_b B = 2 \times 3000 \text{ (bps)} = 6000 \text{ (bps)}$$

（2）升余弦滚降信号的频带利用率为

$$\eta_b = \frac{2}{1 + \alpha} = \frac{2}{1 + 0.4} \text{ (bps / Hz)} = 1.43 \text{ (bps / Hz)}$$

取信号的带宽为信道的带宽，可求出二进制时的最高信息传输速率为

$$R_b = \eta_b B = 1.43 \times 3000 \text{ (bps)} = 4290 \text{ (bps)}$$

【**例 6-4-3**】 对模拟信号 $m(t)$ 进行线性 PCM 编码，量化电平数 $L = 16$。PCM 信号先通过 $\alpha = 0.5$，截止频率为 5 kHz 的升余弦滚降滤波器，然后再进行传输。求：

（1）二进制基带信号无串扰传输时的最高信息速率。

（2）可允许模拟信号 $m(t)$ 的最高频率分量 f_H。

解：（1）PCM 编码信号经升余弦滚降滤波器后形成升余弦滚降信号，由 α 可列出二进制时信号的频带利用率为

$$\eta = \frac{2}{1+\alpha}$$

η_b 的定义式为

$$\eta = \frac{R_b}{B}$$

所以基带信号无串扰传输的最高信息速率为

$$R_b = \eta B = \frac{2B}{1+\alpha} = \frac{2 \times 5 \times 10^3}{1+0.5} \text{ (bps)} = 6.67 \text{ (kbps)}$$

（2）对最高频率为 f_H 的模拟信号 $m(t)$ 以速率 f_s 进行抽样，当量化电平数 $L = 16$ 时，编码位数 $n = \log_2 L = 4$。PCM 编码信号的信息速率可表示为

$$R_b = f_s n$$

抽样频率 $f_s \geq 2f_H$，取等号时信息速率为

$$R_b = 2f_H n$$

因此可允许模拟信号的最高频率为

$$f_H = \frac{R_b}{2n} = \frac{6.67 \times 10^3}{2 \times 4} \text{ (Hz)} = 834 \text{ (Hz)}$$

6.5 眼图与均衡

6.5.1 基带传输系统的测量工具——眼图

在实际工程中，由于部件调试不理想或信道特性发生变化，都可能使系统的性能变坏。除了用专用精密仪器进行定量的测量以外，在调试和维护工作中，技术人员还希望用简单的方法和通用仪器也能宏观监测系统的性能，其中一个有效的实验方法是观察眼图。眼图是利用实验手段估计和改善系统性能时，在示波器上观察到的一种图形。眼图的作用是观察码间串扰和噪声的影响，从而估计系统性能的优劣程度。获得眼图的方法是将待测的基带信号加到示波器的输入端，同时把位定时信号作为扫描同步信号，然后调整示波器扫描周期，使示

波器对基带信号的扫描周期严格与码元周期同步。这样，各码元的波形就会重叠起来。对于二进制数字信号，这个图形与人眼相像，故称为"眼图"。眼图的"眼睛"张开的大小反映着码间串扰的强弱。"眼睛"张的越大，且眼图越端正，表示码间串扰越小；反之表示码间串扰越大。

观察图 6-5-1 可以了解双极性二元码的眼图形成情况。其中，图（a）为没有失真的波形，示波器将此波形每隔 T_s 秒重复扫描一次，利用示波器的余辉效应，扫描所得的波形重叠在一起，结果形成图（b）所示的"开启"的眼图；图（c）是有失真的基带信号的波形，重叠后的波形会变差，张开程度变小，如图（d）所示。基带波形的失真通常是由噪声和码间串扰造成的，所以眼图的形状能定性地反映系统的性能。

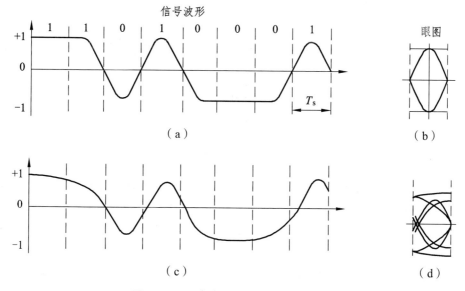

图 6-5-1　双极性二元码的波形及眼图

为了解释眼图与系统性能之间的关系，可把眼图抽象为一个模型，如图 6-5-2 所示。

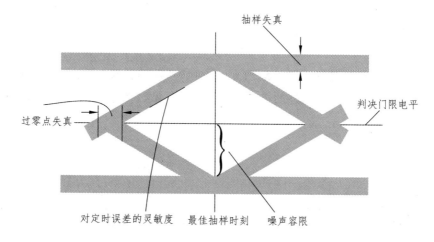

图 6-5-2　眼图模型

由眼图可以获得的信息是：

（1）最佳取样时刻应选在眼图张开最大的时刻，此时的信噪比最大。

（2）眼图斜边的斜率反映出系统对定时误差的灵敏度，斜边越陡，对定时误差越灵敏，对定时稳定度要求越高。

（3）在抽样时刻，上下两阴影区的间隔距离的一半为噪声容限，若噪声瞬时值超过它就可能发生错判。

（4）图中央的横轴位置对应于判决门限电平。

当码间串扰十分严重时，"眼睛"会完全闭合起来，系统不可能无误工作，因此就必须对码间串扰进行校正。

6.5.2 基带传输系统的调整工具——均衡器

在 6.4 节中，我们从理论上找到了消除码间串扰的方法，也就是使基带系统的传输总特性 $S(\omega)$ 满足奈奎斯特第一准则。但实际实现时，由于难免存在滤波器的设计误差和信道特性的变化，无法实现理想的传输特性，故在抽样时刻上总会存在一定的码间串扰，从而导致系统性能的下降。当串扰造成严重影响时，必须对整个系统的传递函数进行校进行校正，使其接近无失真传输条件。这种校正可以采用串接一个滤波器的方法，以补偿整个系统的幅频和相频特性。这种校正是在频域进行的，称为频域均衡；如果校正在时域进行，即直接校正系统的冲激响应，则称为时域均衡。目前数字基带传输系统中大部分采用时域均衡，下面对时域均衡的基本原理作一简单介绍。

时域均衡的基本思想可用图 6-5-3 所示波形来简单说明。它是利用波形补偿的方法对失真的波形加以直接校正，这可以利用观察波形的方法直接加以调节。在图 6-5-3（a）中，接收到的单个脉冲波形由于信道特性不理想而产生了"拖尾"现象，对其他码元波形形成了码间串扰。如果设法加上一条补偿波形，如图 6-5-3（a）中虚线所示，那么这个补偿波形恰好把原来失真波形的"尾巴"抵消掉，使校正后的波形不再有"拖尾"，如图 6-5-3（b）所示，这就消除了码间串扰。

时域均衡器的作用就是形成图 6-5-3（a）中虚线所示的补偿波形。由于该补偿波形的形成过程较复杂，本书对具体均衡器的组成和工作原理不做过多介绍，有兴趣的读者可自行参阅有关资料。

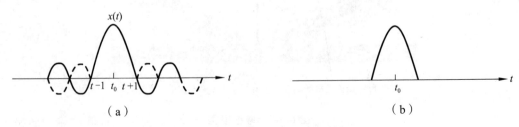

图 6-5-3 时域均衡原理

本章小结

（1）数字基带码型变换属于信道编码范畴，主要目的是使基带传输信号适合信道的传输特性，保证系统的叫靠性能。因此，基带编码必须符合码型设计的原则。

（2）数字基带信号是消息代码的电波形表示。表示形式有多种，有单极性和双极性波形、归零和非归零波形、差分波形、多电平波形之分，各自有不同的特点。等概率双极性波形无直流分量，有利于在信道中传输；单极性 RZ 波形中含有位定时频率分量，常作为提取位同步信息时的过渡性波形；差分波形可以消除设备初始状态的影响。

（3）功率谱分析的意义在于，可以确定信号的带宽，还可以明确能否从脉冲序列中直接提取定时分量，以及采取怎样的方法可以从基带脉冲序列中获得所需的离散分量。

（4）HDB3 码是一种常用传输码型，与 AMI 码相比最大的区别是：HDB3 码中不会出现3 个以上的连 "0" 串，这样有利于接收端提取位定时信息。

（5）再生判决是数字通信系统的一大亮点，它能使接收信号在噪声容限范围内进行完全恢复。这是模拟通信系统无法完成的。

（6）奈奎斯特第一准则描述了信号传输速率与传输系统截止频率之间的配合关系，为消除码间串扰奠定了理论基础。$\alpha = 0$ 的理想低通系统，频带利用率可以达到 2Baud/Hz 的理论极限值，但它不能物理实现，而且系统函数的 "尾巴" 衰减较慢，对整个定时精度要求高；实际中应用较多的是 $\alpha > 0$ 的余弦滚降特性，其中 $\alpha = 1$ 的升余弦频谱特性易于实现，且响应波形的尾部衰减收敛快，有利于减小码间串扰和位定时误差的影响，但占用带宽最大，频带利用率下降为 1 Baud/Hz。

（7）在理想情况下，根据奈奎斯特准则可以从理论上得到无码间串扰的基带传输系统，而在实际系统中码间串扰不可避免。对于实际的基带传输系统，为减少码间串扰的影响，实现最佳传输，常采用眼图来监测系统的性能，并采用均衡器来改善系统的性能。

习　题

1. 简述数字通信中码元、波形、码型、比特之间的关系。

2. 什么是码间串扰？它对通信质量有什么影响？为了消除码间串扰，对传输波形有什么要求？

3. 数字基带信号的功率谱有什么特点？它的带宽主要取决于什么？

4. 奈奎斯特第一准则的时域条件和频域条件是什么？

5. 理想低通传输系统和具有升余弦滚降特性的基带传输系统相比较，在可实现性、最大频带利用率 η_b、拖尾衰减速度等方面有哪些区别？

6. 何谓眼图？它有什么用处？

7. 理想低通信号的时域波形是什么函数，频谱衰减特性是什么？升余弦信号的时域波形是什么函数的加权函数？频谱衰减特性是什么？

8. 无串扰传输码元速率为 R_B 的信号时，传输系统所需的最窄带宽为多少？二元码时传输系统的最高频带利用率为多少？

9. 当二进制码元速率为 R_B 时，滚降系数为 α 的升余弦信号的传输带宽和频率利用率分别为多少？

10. 设数字基带信号的码元间隔为 T，基带传输系统的传递函数 $H(\omega)$ 如图 6-6-1 所示，试问该传输系统有无码间串扰，并说明原因。

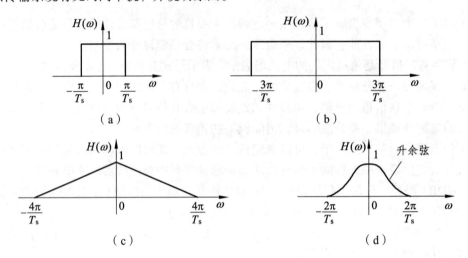

图 6-6-1　题 10 图

11. 二进制数字基带信号的信息速率 $R_b = 1 \times 10^3$ (bps)。为实现无串扰传输，图 6-6-2 列出 3 种传输特性。

（1）这 3 种传输特性是否满足无串扰传输的条件？

（2）试比较它们的带宽和可实现性。

（3）其中哪一种传输特性较好？请简要说明理由。

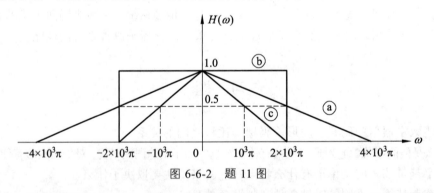

图 6-6-2　题 11 图

12. 已知信息代码为 100000000011，求相应的 AMI 码和 HDB3 码，并分别画出它们的波形图（采用半占空比矩形脉冲）。

13. 已知 HDB3 码为 $0 + 100 - 1000 - 1 + 1000 + 1 - 1 + 1 - 100 - 1 + 100 - 1$，试译出原信息代码。

14. 设某二进制数字基带信号的基本脉冲如图 6-6-3 所示。图中 T_b 为码元宽度，数字信息 "1" 和 "0" 分别用 $g(t)$ 的有无表示，它们出现的概率分别为 P 及 $(1 - P)$。

（1）求该数字信号的功率谱密度，并画图。

（2）该序列是否存在离散分量 $f_b = 1/T_b$？

（3）该数字基带信号的带宽是多少？

15. 设某二进制数字基带信号的基本脉冲为三角形脉冲，如图 6-6-4 所示。图中 T_b 为码元宽度，数字信息"1"和"0"分别用 $g(t)$ 的有无表示，且"1"和"0"出现的概率相等。

（1）求该数字信号的功率谱密度，并画图。

（2）能否从该数字基带信号中提取 $f_b = 1/T_b$ 的位定时分量？若能，试计算该分量的功率。

（3）该数字基带信号的带宽是多少？

图 6-6-3　题 14 图　　　　　图 6-6-4　题 15 图

16. 设基带传输系统的发送滤波器、信道、接收滤波器组成总特性为 $H(\omega)$，若要求以 $2/T_b$ 的速率进行数据传输，试检验图 6-6-5 中的各种系统是否满足无码间串扰条件。

17. 已知滤波器的 $H(\omega)$ 具有如图 6-6-6 所示的特性（码元速率变化时特性不变），当采用以下码元速率时：

（1）码元速率 $R_B = 500$ Baud

（2）码元速率 $R_B = 1\,000$ Baud

（3）码元速率 $R_B = 1\,500$ Baud

（4）码元速率 $R_B = 2\,000$ Baud

问：（1）哪种码元速率不会产生码间串扰？

（2）如果滤波器的 $H(\omega)$ 改为图 6-6-7，重新回答（1）。

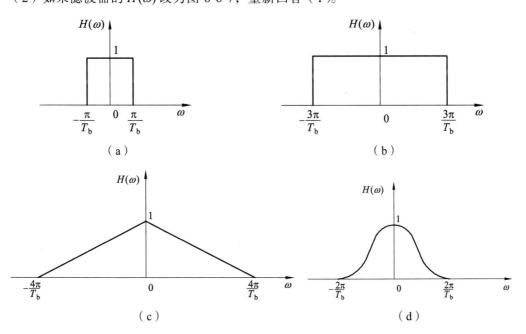

图 6-6-5　题 16 图

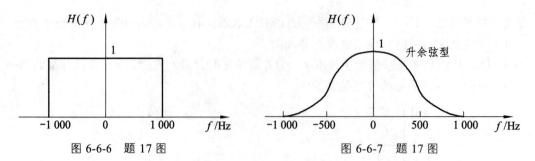

图 6-6-6　题 17 图　　　　　　图 6-6-7　题 17 图

18. 设由发送滤波器、信道、接收滤波器组成二进制基带系统的总传输特性 $H(\omega)$ 为

$$H(\omega)=\begin{cases}\tau_0(1+\cos\omega\tau_0), & |\omega|\leqslant\dfrac{\pi}{\tau_0}\\[2mm]0, & \text{其他 }\omega\end{cases}$$

试确定该系统最高传码率 R_B 及相应的码元间隔 T_b。

19. 已知基带传输系统的发送滤波器、信道、接收滤波器组成总特性如图 6-6-8 所示的直线滚降特性 $H(\omega)$。其中 α 为某个常数 $(0\leqslant\alpha\leqslant1)$：

（1）检验该系统能否实现无码间串扰传输。

（2）试求该系统的最大码元传输速率为多少？这时的频带利用率为多大？

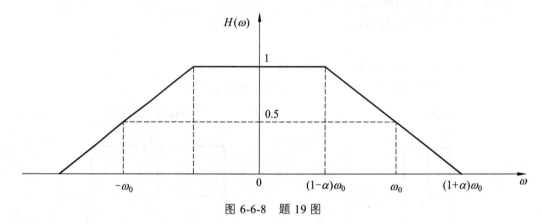

图 6-6-8　题 19 图

第 7 章　数字频带传输系统

【本章导读】

- 二进制数字调制
- 多进制数字调制
- 新型数字调制技术

7.1　引　言

第 6 章已经谈到，码型变换及波形形成使得信源发出的数字基带信号的频谱结构发生改变，以利于在低通型信道中传输。但实际应用中大多数信道都是带通型信道，如无线信道中的微波通信、卫星通信、无线电广播等，有线信道中的光纤通信等。为了使数字基带信号能在这些通信系统中传输，就需要把数字基带信号的频谱搬移到这些通信系统的频带上，这种频谱搬移的过程就是调制的过程。由于调制信号为数字基带信号，因而将这种调制称为数字调制。

在数字调制系统中，采用什么样的波形来充当载波信号呢？从原理上说，可以采用正弦载波来加载数字基带信号，也可以用高频脉冲来加载数字基带信号。但实际上，在大多数数字通信系统中都选择正弦信号作为载波。这是因为正弦信号形式简单，便于产生和接收。本章介绍的数字频带传输系统就是采用正弦载波信号来"携带"基带信息的。

应该指出，在"模拟调制"与"数字调制"之间，就调制的目的与原理而言，两者并没有什么区别。数字基带信号可以看作模拟基带信号的一种特定形式。因此，数字调制可以认为是模拟调制中的一个特例。因为数字信号有离散取值的特点，所以实现数字调制有两种方法：① 利用模拟调制的方法；② 利用开关键控载波。因此，数字调制又称为键控。根据基带信号控制正弦载波参数的不同，通常有三种基本的数字键控方式：振幅键控（Amplitude Shift Keying, ASK）、频移键控（Frequency Shift Keying, FSK）和相移键控（Phase Shift Keying, PSK）。

数字信息有二进制和多进制之分，因此，数字调制可分为二进制调制和多进制调制。在二进制调制中，信号参量只有两种可能的取值；而在多进制调制中，信号参量可能有 $M(M>2)$ 种取值。本章主要讨论二进制数字调制的原理及系统性能，简要介绍多进制数字调制和几种新型数字调制技术。

7.2 二进制数字调制原理

7.2.1 二进制幅度键控（2ASK）

1. 二进制幅度键控原理

幅度键控是指载波幅度受二进制单极性不归零（NRZ）信号控制，而其频率和初始相位保持不变。与二进制数"1"或"0"相对应，载波传输变为时通时断。因此，二进制幅度键控（2ASK）又称通-断键控（ON-OFF Keying，OOK）。

假设二进制数字基带信号序列 $\{a_n\}$ 由"0"和"1"组成，其中发送数字信号"1"的概率为 p，则发送数字信号"0"的概率为 $1-p$，且统计独立。

则数字基带信号的表达式为

$$s(t) = \sum_{n=-\infty}^{\infty} a_n g(t-nT_s)$$

a_n 为第 n 个码元的电平取值，若取

$$a_n = \begin{cases} 1 & 概率为 p \\ 0 & 概率为 (1-p) \end{cases}$$

$g(t)$ 为持续时间为 T_s 的基带脉冲波形，通常假设为矩形脉冲，则已调信号（即 2ASK 信号）的表达式为

$$\begin{aligned} s_{2ASK}(t) &= s(t)\cos\omega_c t \\ &= \sum_{n=-\infty}^{\infty} a_n g(t-nT_s)\cos\omega_c t \end{aligned}$$

在一个码元周期 T_s 内对 2ASK 信号进行观察，其观察值为

$$s_{2ASK}(t) = \begin{cases} \cos\omega_c t, & 概率为 P \\ 0, & 概率为 (1-P) \end{cases}$$

假设数字基带信号的序列为 $\{1\,0\,1\,1\,0\,1\}$，则该序列所对应的 2ASK 波形如图 7-2-1 所示。

从原理上说，2ASK 信号调制器如图 7-2-2（a）所示。实际可采用如图 7-2-2（b）所示的开关电路来实现，即用一个开关源来控制载波源的通断。

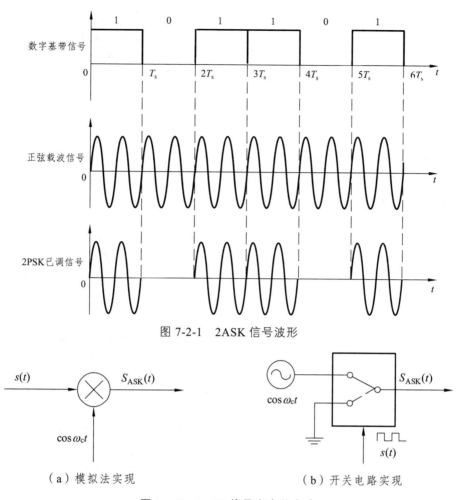

图 7-2-1 2ASK 信号波形

（a）模拟法实现　　　　　　　　　（b）开关电路实现

图 7-2-2 2ASK 信号产生的方式

2．2ASK 信号的解调

2ASK 信号解调如同模拟幅度调制信号一样，有两种解调方法：一种是非相干解调（又叫包络检波），另一种是相干解调（又叫同步检测）。

非相干解调如图 7-2-3（a）所示。已调信号中包含有 2ASK 信号的高斯白噪声，带通滤波器用以通过所需的频带并限制噪声。全波整流器构成了包络检波器。低通滤波器是将波形平滑，并滤去高频端噪声。取样判决电路是使接收到的脉冲只在时钟到达的瞬时进行抽样，并对应于一定的门限值判决输出为"1"或"0"信号。

相干解调如图 7-2-3（b）所示。图中用乘法器替代非相干解调的包络检波器，同时需要一个本地载波，它的频率和相位与发送端载波信号一致。

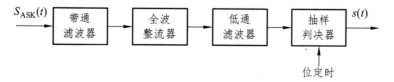

（a）非相干解调

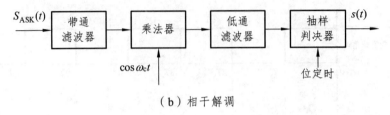

（b）相干解调

图 7-2-3　2ASK 信号的解调方式

3．2ASK 信号的功率谱密度

由于 2ASK 信号是随机的功率信号，故研究它的频谱特性时，应讨论它的功率谱密度。一个 2ASK 信号 $s_{ASK}(t)$ 功率谱密度如图 7-2-4 所示。

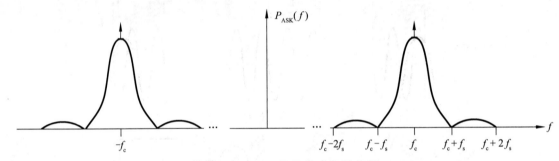

图 7-2-4　2ASK 信号的功率谱密度

由图 7-2-4 可知：

（1）2ASK 信号的功率谱由连续谱和离散谱两部分组成。其中，连续谱取决于数字基带信号 $s(t)$ 经线性调制后的双边带谱，而离散谱则由载波分量确定。

（2）如同双边带调制一样，2ASK 信号的带宽 B_{ASK} 是数字基带信号带宽（$B = f_s$）的两倍

$$B_{ASK} = 2B = 2f_s$$

（3）因为系统的传码率 $R_s = \dfrac{1}{T_s} = f_s$（Baud），故 2ASK 系统的频带利用率为

$$\eta = \frac{f_s}{2f_s} = \frac{1}{2} \ \text{(Baud/Hz)}$$

这意味着用 2ASK 方式传送码元速率为 R_B 的二进制数字信号时，要求该系统的带宽至少为 $2R_B$（Hz）。

7.2.2　二进制频移键控（2FSK）

1．二进制频移键控原理

频移键控系统中用不同的载波频率来表征数字基带信息。对于二进制信号来讲，用两个载波频率就可以完全表征。

仍假设数字基带信号 $s(t)$ 的表达式为

$$s(t) = \sum_{n=-\infty}^{\infty} a_n g(t - nT_s) \cos \omega_c t$$

则 2FSK 信号的表达式为

$$s_{2FSK}(t) = \sum_{n=-\infty}^{\infty} a_n g(t-nT_s)\cos\omega_{c1}t + \sum_{n=-\infty}^{\infty} \overline{a_n} g(t-nT_s)\cos\omega_{c2}t$$

当在一个码元周期 T_s 内对 2FSK 信号进行观察，其观察值为

$$s_{2FSK}(t) = \begin{cases} \cos\omega_{c1}t, & 概率为 P \\ \cos\omega_{c2}t, & 概率为 1-P \end{cases}$$

仍假设数字基带信号的序列为 {1 0 1 1 0 1}，则该序列所对应的 2FSK 波形如图 7-2-5 所示。

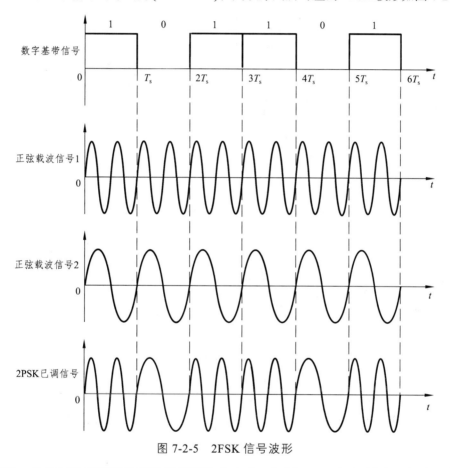

图 7-2-5　2FSK 信号波形

类似地，2FSK 信号可以采用模拟调频法来产生，如图 7-2-6（a）所示。也可以采用开关电路来实现，如图 7-2-6（b）所示。

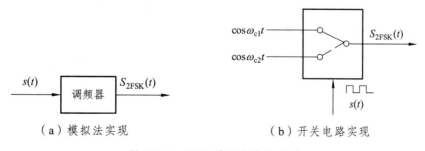

（a）模拟法实现　　　　　　　　　　（b）开关电路实现

图 7-2-6　2FSK 信号产生的方式

2．2FSK 信号的解调

2FSK 信号的解调方法有相干解调、非相干解调和过零检测等。图 7-2-7 所示为最常见的非相干解调和相干解调。其解调原理是将 2FSK 信号分解为上下两路 2ASK 信号分别进行解调，然后进行抽样判决。这里的抽样判决是直接比较两路信号抽样值的大小，可以不专门设置门限。判决规则应与调制规则相呼应，调制时若规定"1"符号对应载波频率 ω_1，则接收时上支路的样值较大，应判为"1"；反之则判为"0"。

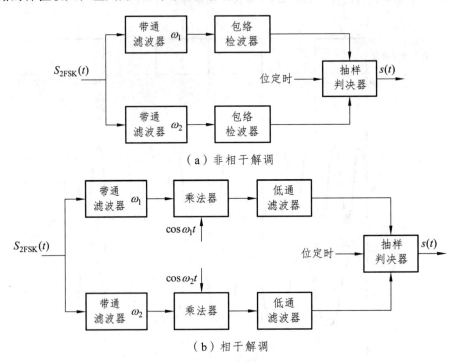

（a）非相干解调

（b）相干解调

图 7-2-7　2FSK 信号的解调

3．2FSK 信号的功率谱密度

对于相位不连续的 2FSK 信号，可以看成由两个不同载频的 2ASK 信号的叠加，它可以表示为

$$s_{FSK}(t) = s_1(t)\cos\omega_1 t + s_2(t)\cos\omega_2 t$$

其中，$s_1(t)$ 和 $s_2(t)$ 为两路二进制基带信号。

据 2ASK 信号功率谱密度的表示式，不难写出这种 2FSK 信号的功率谱密度的表示式：

$$P_{2FSK}(f) = P_{2ASK}(f_1) + P_{2ASK}(f_2)$$
$$= \frac{T_s}{16}\left\{ Sa^2\left[\pi(f-f_1)T_s\right]^2 + Sa^2\left[\pi(f+f_1)T_s\right]^2 + Sa^2\left[\pi(f-f_2)T_s\right]^2 + Sa^2\left[\pi(f+f_2)T_s\right]^2 \right\} +$$
$$\frac{1}{16}\left[\delta(f+f_1) + \delta(f-f_1) + \delta(f+f_2) + \delta(f-f_2)\right]$$

2FSK 信号的功率谱密度曲线如图 7-2-8 所示。

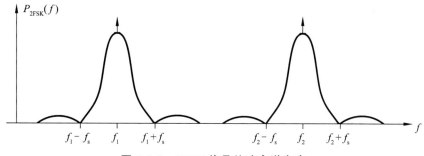

图 7-2-8　2FSK 信号的功率谱密度

由图 7-2-8 可知：

（1）2FSK 信号的功率谱由连续谱和离散谱组成。其中，连续谱由两个中心位于 f_1 和 f_2 处的双边谱叠加而成，离散谱位于两个载频 f_1 和 f_2 处。

（2）连续谱的形状随着两个载频之差的大小而变化，若 $|f_1 - f_2| < f_s$，连续谱在两个载频的中心位置出现单峰；若 $|f_1 - f_2| > f_s$，则出现双峰。

（3）若以功率谱第一个零点之间的频率间隔计算 2FSK 信号的带宽，则其带宽近似为

$$B_{2FSK} = |f_2 - f_1| + 2f_s$$

其中，f_s 为码元周期的倒数。

FSK 在中低速数据传输中应用广泛，国际电信联盟（ITU）规定，低于 1 200 bps 的速率时，使用 FSK 方式。例如，目前使用的单片调制解调器 MC6800L 适用于 600 Baud 以下的传输速率，中心频率为 1 170 Hz。传 "1" 时，载频为 1 270 Hz；传 "0" 时，载频为 1 070 Hz。带宽为（1 270 - 1 070）+ 2 × 600 = 1400（Hz）。

7.2.3　二进制相移键控（2PSK）

1．二进制相移原理

在 2PSK 中，通常用初始相位 0 和 π 分别表示二进制 "1" 和 "0"。因此，2PSK 信号的时域表达式为

$$s_{2PSK}(t) = A\cos(\omega_c t + \phi_n)$$

式中，ϕ_n 表示第 n 个符号的绝对相位。

$$\phi_n = \begin{cases} 0, & \text{发送 "1" 时} \\ \pi, & \text{发送 "0" 时} \end{cases}$$

因此，上式可以改写为

$$s_{2PSK}(t) = \begin{cases} A\cos\omega_c t, & \text{概率为 } P \\ -A\cos\omega_c t, & \text{概率为 } 1-P \end{cases}$$

这种以载波的不同相位直接去表示相应二进制数字信号的调制方式，称为二进制绝对相移方式。

由于两种码元的波形相同，极性相反，故 2PSK 信号可以表述为一个双极性全占空矩形脉冲序列与一个正弦载波的相乘：

$$s_{2PSK}(t) = s(t)\cos\omega_c t$$

式中，$s(t) = \sum_n a_n g(t - nT_s)$

$g(t)$ 是脉宽为 T_s 的单个矩形脉冲，

$$a_n = \begin{cases} 1, & \text{概率为 } P \\ -1, & \text{概率为 } 1-P \end{cases}$$

可以发现，2PSK 信号的时域表达式与 2ASK 的时域表达式完全相同，区别仅在于基带信号 $s(t)$ 不同（a_n 不同），前者为单极性，后者为双极性。

仍假设数字基带信号的序列为{1 0 1 1 0 1}，则该序列所对应的 2PSK 波形如图 7-2-9 所示。

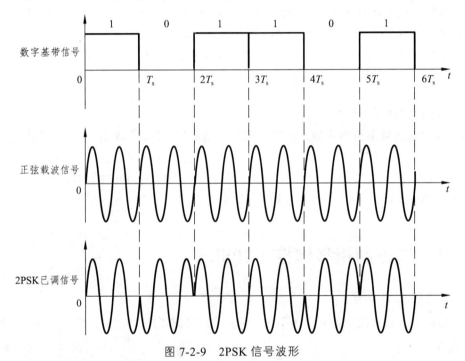

图 7-2-9　2PSK 信号波形

类似地，2PSK 信号的产生可以采用模拟调相的方式，如图 7-2-10（a）所示。也可以采用开关电路的键控方式，如图 7-2-10（b）所示。实际中多采用键控方式实现。

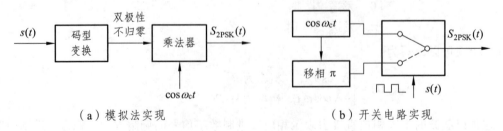

（a）模拟法实现　　　　　　　　（b）开关电路实现

图 7-2-10　2PSK 信号产生的方式

2．2FSK 信号的解调

由于 2PSK 信号具有恒定的包络，因而不能用包络解调法解调，应采用相干解调器解调，其原理框图如图 7-2-11 所示。

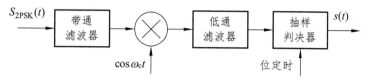

图 7-2-11　2PSK 信号的相干解调原理

在 2PSK 信号相干解调中，接收端需要一个相干载波，该相干载波信号通常都是从 2PSK 已调信号中提取的。但是，通过对 2PSK 信号进行频谱分析发现，该信号中并不含有离散的载波分量，需要通过非线性变换来产生离散的载波分量。实现这种非线性变换的电路常为含有锁相环的平方电路，其原理如图 7-2-12 所示。

图 7-2-12　含有锁相环的平方电路相干载波提取

2PSK 信号通过平方电路后将产生一个 $2f_c$ 的新频率成分，经过窄带滤波器以后便可得到频率为 $2f_c$ 的正弦信号，该信号通过锁相环分频便可得到一个频率和载波频率相同的正弦信号。但是，在提取过程中，由于锁相环本身就是一个非线性电路，当它处于稳定平衡状态时，输出相位将有多个可能值，且为 π 的整数倍，即

$$c(t) = \cos(\omega_c t + \theta_n) + \cos(\omega_c t + n\pi)$$

而接收端数字信号的恢复是靠相干载波的标准相位来进行的，一旦标准相位发生变化，将会直接影响到数字信号的正确接收。上述相干载波相位的不确定性在工程上称为相位模糊，由于出现的可能相位都是 π 的整数倍，当 n 为偶数时，相干载波的相位与发送端的标准相位相同；当 n 为奇数时，相干载波的相位与发送端的标准相位恰好相反。故又将其叫作 "倒π" 现象。

由此可见，系统一旦发生相位模糊，将引起解调信号输出的不确定性。这也是 2PSK 方式在实际中很少采用的主要原因。为了克服相位模糊对相干解调的影响，通常采用差分相移键控（2DPSK）的方法。

3．2PSK 信号的功率谱密度

由于 2ASK 信号的表达式和 2PSK 信号的表达式的表示形式完全一样，2PSK 信号的功率谱密度曲线如图 7-2-13 所示。

由图 7-2-13 可知，二进制相移键控信号的频谱特性与 2ASK 的十分相似，带宽也是基带信号带宽的两倍。区别仅在于当概率 $P = \dfrac{1}{2}$ 时，其谱中无离散谱（即载波分量），此时 2PSK 信号实际上相当于抑制载波的双边带信号。因此，它可以看作是双极性基带信号作用下的调幅信号。

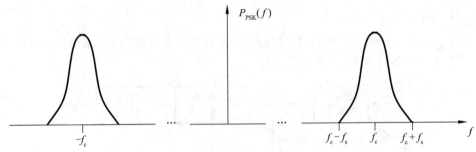

图 7-2-13　2PSK 信号的功率谱密度曲线

7.2.4　二进制差分相移键控（2DPSK）

1．二进制差分相移键控的原理

上面已经提到，2PSK 系统容易发生相位模糊，克服的措施就是采用差分相移键控方式。所谓差分相移键控，就是利用前后相邻码元的载波相对相位的变化来传递信息，所以也称为相对相移键控差（2PSK 通常称作绝对相移键控）。也就是说，2DPSK 信号的相位并不直接代表基带信号，而前后相邻码元的载波相对相位差才唯一决定信息符号。

$\Delta\varphi$ 通常定义为当前载波的起始相位与前一码元载波的起始相位差，若信息符号与 $\Delta\varphi$ 之间的关系为（当然，也可以定义与此相反的关系）

$$\Delta\varphi = \begin{cases} 0, & \text{表示数字信息“0”} \\ \pi, & \text{表示数字信息“1”} \end{cases}$$

仍假设数字基带信号的序列为{1 0 1 1 0 1}，则该序列所对应的 2DPSK 波形如图 7-2-14 所示。

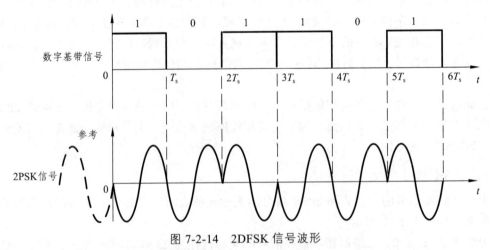

图 7-2-14　2DFSK 信号波形

2DPSK 信号的产生是通过码变换加 2PSK 调制，其产生原理如图 7-2-15 所示。这种方法是把基带信号经过绝对码—相对码（差分码）变换后，根据相对码进行绝对相移键控，其输出便是 2DPSK 信号。

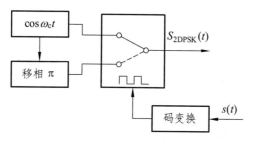

图 7-2-15　2DPSK 信号产生的原理

2．2DPSK 信号的解调

2DPSK 信号的解调可以采用相干解调，也可以采用差分相干解调。相干解调中，由于解调出来的数字序列为相对码，故在接收端还要经过一个码反变换电路，将相对码转换成绝对码。相干解调的原理如图 7-2-16 所示。

图 7-2-16　2DPSK 信号的相干解调原理

2DPSK 差分相干解调实际上是把信号中当前码元的相位与前一码元的相位进行比较，通常又称作相位比较法。差分相干解调中由于不需要提取相干载波，因而在恢复相干载波比较困难的情况下，得到很好的应用。差分相干解调的原理如图 7-2-17 所示。

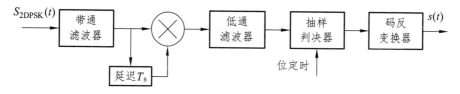

图 7-2-17　2DPSK 差分相干解调原理框图

需要注意的是，由于 2PSK 信号和 2DPSK 信号可以用同一个时间函数来表示，因此这两种信号具有相同的频谱特性和相同的带宽，均为码元速率的两倍。即

$$B_{2DPSK} = B_{2PSK} = 2f_s$$

7.2.5　二进制数字调制系统的性能比较

1．传输带宽和频带利用率

假设基带信号的码元宽度为 T_s，则基带信号的带宽近似为 $\dfrac{1}{T_s}$，由前面的讲述可知，2ASK 系统、2PSK 系统和 2DPSK 系统的带宽均为 $\dfrac{2}{T_s}$，即为基带信号带宽的二倍。

$B_{2ASK} = B_{2PSK} = B_{2DPSK} = \dfrac{2}{T_s}$。2FSK 系统的带宽约为 $|f_2 - f_1| + \dfrac{2}{T_s}$。因此，在相同条件下，2FSK

信号的有效性最差。频带利用率为

$$\eta = \frac{R_B}{B} = \frac{1/T_s}{2/T_s} = \frac{1}{2} \ (\text{Baud}/\text{Hz})$$

2．误码率

二进制数字调制系统的误码率既与调制方式有关，也与解调方式有关，还与接收机（解调器）的输入信噪比 γ 有关。表 7-2-1 列出了二进制数字调制系统误码率公式。

表 7-2-1　二进制数字调制系统误码率公式

调制方式	解调方式	
	相干解调	非相干解调
2ASK	$\dfrac{1}{2}erfc\left(\sqrt{\dfrac{r}{4}}\right)$	$\dfrac{1}{2}\text{e}^{-r/4}$
2FSK	$\dfrac{1}{2}erfc\left(\sqrt{\dfrac{r}{2}}\right)$	$\dfrac{1}{2}\text{e}^{-r/2}$
2PSK	$\dfrac{1}{2}erfc\left(\sqrt{r}\right)$	
2DPSK	$erfc\left(\sqrt{r}\right)$	$\dfrac{1}{2}\text{e}^{-r}$

图 7-2-18 所示为各种二进制数字调制系统的误码率与接收机（解调器）的输入信噪比 γ 之间的关系。从图中可以看出，在相同输入信噪比条件下，对于同一种调制方式，采用相干解调的误码率低于非相干解调的误码率；在相同误码率条件下，2ASK、2FSK、2DPSK 和 2PSK 所需的信噪比依次减小。

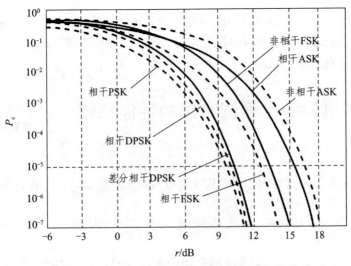

图 7-2-18　各种二进制数字调制系统的误码率曲线

7.3　多进制数字调制原理

二进制数字调制是数字调制系统的最基本方式，具有较强的抗干扰能力，但系统中每个码元只传输 1 bit 信息，其频带利用率不高。为了提高通信系统的有效性，最有效的办法是使一个码元传输多个比特的信息，这就是本节将要讨论的多进制键控体制。

在 M 进制的数字调制系统中，利用 M 进制的数字信号去控制正弦载波的幅度、频率和相位的变化，从而分别得到多进制幅度键控（MASK）、多进制频移键控（MFSK）和多进制相移键控（MPSK）信号。假设信息传输速率为 R_b，码元传输速率为 R_B，则在 M 进制的情况下有如下关系：

$$R_b = R_B \log_2 M$$

由此可见，在相同码元周期的情况下，多进制数字系统的信息传输速率是二进制数字系统的 $\log_2 M$ 倍。因此，在多进制系统中，可以获得较高的频带利用率。

但是，在相同的噪声下，多进制数字调制系统的抗噪声性能低于二进制数字调制系统。或者说为了保证一定的误码率，需要更高的信噪比，即需要更大的信号功率，这就是为了传输更多信息量所需要付出的代价。下面分别介绍几种多进制数字调制的原理。

7.3.1　多进制幅度键控

在多进制数字调制中，M 进制调制信号的数学表达式为

$$s(t) = \sum_{n=-\infty}^{\infty} b_n g(t - nT_s)$$

式中，b_n 为第 n 个码元的电平取值，

$$b_n = \begin{cases} 0, & \text{概率为 } P_1 \\ 1, & \text{概率为 } P_2 \\ 2, & \text{概率为 } P_3 \\ \vdots \\ M-1, & \text{概率为 } P_M \end{cases}$$

而实际传输的大多是二进制数字信号只有两种状态,如何将它们转换成 M 进制数字信号呢？通常是通过一个二进制转多进制模块得到。例如，在四进制数字调制中，四进制信号有四种状态，但两位二进制码也有四种状态，因此可按照每两个比特为一组进行串/并变换，即在 4ASK 中，每 2 bit 码元对应一种幅度的载波。

所谓多进制幅度键控，实际上是用 M 个离散电平值去控制载波幅度的过程，因此又称作多电平调幅。其数学表达式为

$$s_{\text{MASK}}(t) = s(t)\cos\omega_c t = \sum_{n=-\infty}^{\infty} b_n g(t - nT_s)\cos\omega_c t$$

图 7-3-1 给出了这种基带信号和相应的 MASK 信号的波形举例。图中的信号是 4ASK 信号，即 $M = 4$。每个码元含有 2 bit 信息。图（a）的基带信号为多进制单极性不归零脉冲，它有直流分量，此时的已调信号如图（b）所示；若改用多进制双极性不归零脉冲作为基带调制信号［见图（c）］，则已调信号如图（d）所示。

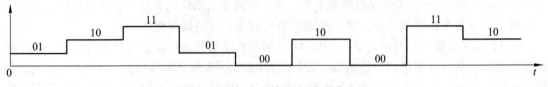

（a）四进制单极性不归零基带信号

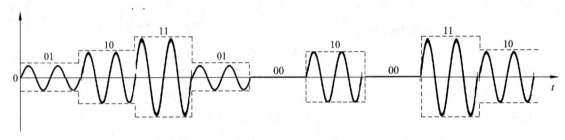

（b）4ASK 信号

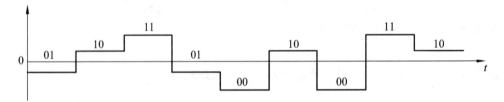

（c）四进制双极性不归零基带信号

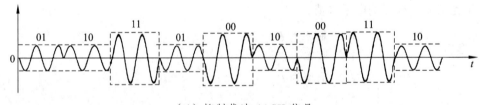

（d）抑制载波 4ASK 信号

图 7-3-1　4ASK 信号波形

MASK 信号可以分解成若干个 2ASK 信号相加，即 MASK 信号的带宽与 2ASK 信号的带宽相同为，均为 $2/T_s$。但需要注意的是，此时的 T_s 为 M 进制码元的宽度。如在 4ASK 中，$T_s = 2T$，其带宽为 $2/T_s = 2/2T = 1/T$，其中 T 为基带二进制码的码元宽度。

不难推出，多进制幅度键控系统的频带利用率 η 的计算公式为

$$\eta = \frac{R_B}{B} = \frac{1/T}{2/T_s} = \frac{T_s}{2T} = \frac{T\log_2 M}{2T} = \frac{\log_2 M}{2}$$

式中，T 为基带二进制码的码元宽度，T_s 为 M 进制码元的宽度。

7.3.2　多进制频移键控

多进制频移键控是用多个频率的正弦载波代表不同的多进制数字信号，且在某一码元间隔内只发送其中一个频率，每个频率的振荡可代表一个多进制码。多进制频移键控系统的组成方框图如图 7-3-2 所示。

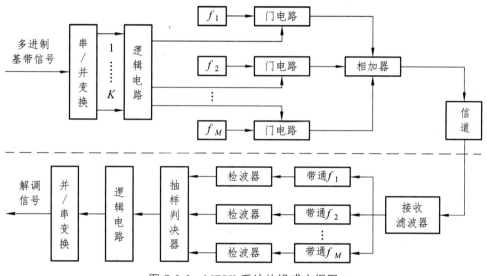

图 7-3-2　MFSK 系统的组成方框图

发送端串/并变换是把输入的串行二进制码每 K 位分成一组，由逻辑电路转换成具有多种状态（$M = 2^K$ 个状态）的多进制码。当某组二进制到来时，逻辑电路的输出打开相应的某个门电路，使相应的载波发送出去，同时关闭其他门电路。

接收端由多个带通滤波器（中心频率为 f_1、f_2、$\cdots$、f_M）、包络检波器、抽样判决器及逻辑电路、并/串变换电路组成。当某一载频到来时，只有一个带通滤波器输出有信号和带内噪声，其他带通滤波器输出只有带内噪声。各带通滤波器输出经检波后送至抽样判决器。抽样判决器在给定时刻比较各检波器的输出，选出最大者输出（只有一个）并以此判决发送来的是哪一个载频。抽样判决器的输出相当于多进制的某一码元，它经逻辑电路转换成 K 位的二进制并行码，最后经并/串变换电路转换成串行二进制数字信号。

理论上，多进制频移键控应该具有多进制调制的一切特点，但由于 MFSK 的码元采用 M 个不同频率的载波，所以它占用较宽的频带，因此它的信道频带利用率并不高。

7.3.3　多进制相移键控

多进制相移键控是利用载波的多种不同相位来表征数字信息的一种调制方式。与二进制数字相位调制相同，多进制相移键控也有绝对相移键控（MPSK）和差分相移键控（MDPSK）两种。本节仅以 $M = 4$ 为例，对 4PSK 做介绍。

4PSK 常称为正交相移键控（Quadrature Phase Shift Keying，QPSK）。4PSK 调制的原理

如图 7-3-3 所示。输入序列按照每两个比特为一组进行串/并变换，通过电平发生器分别产生双极性信号 $I(t)$ 和 $Q(t)$，然后分别对 $\cos\omega_c t$ 和 $\sin\omega_c t$ 进行调制，相加后即可得到 4PSK 信号。

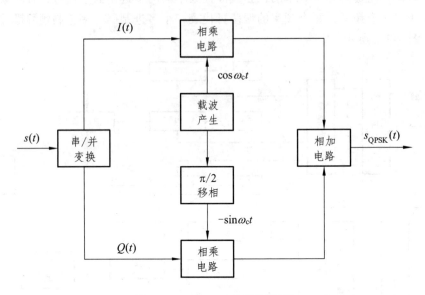

图 7-3-3　4PSK 正交调制原理

4PSK 的解调可以采用相干解调的方法来实现，其原理如图 7-3-4 所示。

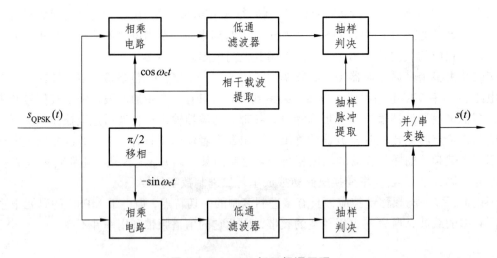

图 7-3-4　4PSK 相干解调原理

在 4PSK 系统中，相位的取值通常有 A、B 两种方式，具体如图 7-3-5 所示。

通常情况下，A 方式中的相位大都是连续变化的，而 B 方式中的相位都是跳跃变化的。在实际的应用系统中，B 方式被多数相移键控系统所采用，因为相位的跳跃变化有利于接收端提取定时信息。

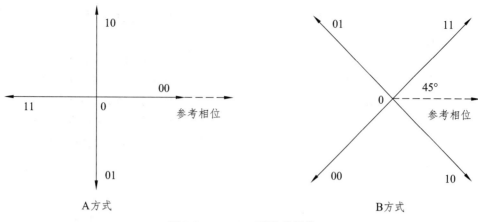

图 7-3-5　4PSK 系统的相位

7.4　新型数字调制技术

前面我们讨论了数字调制的三种基本方式：幅度键控、频移键控和相移键控。这三种数字调制方式是数字调制的基础。然而，这三种数字调制方式都存在某些不足，如频谱利用率低、抗多径衰落能力差、功率谱衰减慢、带外辐射严重等。为了改善这些不足，近几十年来，人们陆续提出一些新的数字调制技术，以适应各种新的通信系统的要求，如 QAM（Quadrature Amplitude Modulation，正交幅度调制）、MSK（Minimum Frequency Shift Keying，最小频移键控）、OQPSK（Offset-QPSK，交错正交相移键控）、GMSK（Guassian Minimum Shift Keying，高斯最小移频键控）等。这些技术主要围绕着寻找频带利用率高，同时抗干扰能力强的调制方式展开。本节仅以 QAM 为代表介绍现代数字调制技术。

7.4.1　星座图

在通信领域，星座图类似于眼图，也是分析信号时域特性的利器。星座图可理解为是信号矢量端点的分布图，因此可用极坐标来描述，极坐标中的一个点代表一个码元。需要注意的是，若为二进制数字调制，这个码元代表"0"或"1"；若为四进制数字调制，这个码元可能代表"00""01""10"或"11"四个状态中的某一个，以此类推。

在星座图中，点与原点间的连线代表码元载波的幅度，连线与横坐标的夹角为该码元载波的相位。横坐标一般记为 I 轴，纵坐标一般记为 Q 轴。如图 7-4-1 所示。

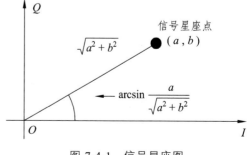

图 7-4-1　信号星座图

在星座图中，点与原点间距离越大，其物理意义意味着信号能量越大；相邻两个点的距离越大，其物理意义代表信号抗干扰能力越强。

图 7-4-2 所示为 8ASK、8PSK、16PSK 系统的星座图。从图中不难看出，8ASK 的信号点是分布在一条直线上的，而 8PSK 的信号点则分布在一个圆周上。很明显，8ASK 系统中两信号点的距离小于 8PSK 系统，故 8PSK 系统抗干扰能力强于 8ASK 系统。对于 8PSK 和 16PSK 系统来讲，16PSK 系统两信号点的距离明显小于 8PSK 系统，这就意味着在相同噪声条件下，16PSK 系统将有更高的误码率。当两个信号点的距离越近时，其信号波形就越接近，也就越容易受到噪声的干扰而造成误判。

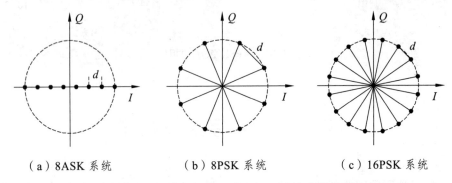

（a）8ASK 系统　　　（b）8PSK 系统　　　（c）16PSK 系统

图 7-4-2　8ASK、8PSK、16PSK 系统的星座图

为了增加两信号点的距离，可以采用增加发射功率的方法，即增加圆周半径。但在许多通信系统中，发射功率常常受到限制。所以，在不增加信号平均功率的前提下，通过安排信号点在星座图中的位置，可以增大两个信号点之间的距离，从而降低系统的误码率。正交振幅调制就是基于这种思想，将幅度调制和相位调制联合起来构建的一种新的调制方式。

7.4.2　正交振幅调制

正交振幅调制是一种矢量调制，是幅度和相位联合调制的技术，它同时利用了载波的幅度和相位传递比特信息，不同的幅度和相位代表不同的码元信息。因此，这种调制方式在一定条件下可实现更高的频带利用率，而且其抗干扰能力强、实现技术简单，被广泛应用于卫星通信和有线电视网络中。图 7-4-3 所示为四种 QAM 的星座图。

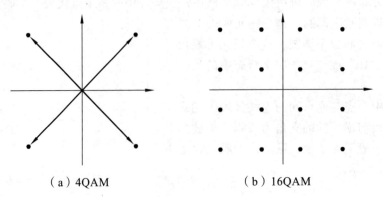

（a）4QAM　　　　　　　（b）16QAM

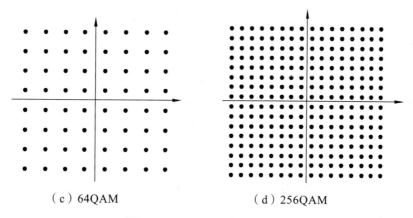

（c）64QAM　　　　　　　　　（d）256QAM

图 7-4-3　QAM 系统的星座图

本章小结

（1）用数字基带信号控制高频载波，把数字基带信号变换为数字频带信号的过程称为数字调制。这里调制信号是数字基带信号，载波是正弦波。包括调制和解调过程的传输系统称为数字信号的频带传输系统。

（2）二进制数字调制的基本方式有：2ASK（载波信号的振幅变化）、2FSK（载波信号的频率变化）和 2PSK（载波信号的相位变化）。由于 2PSK 解调中存在相位不确定性，又发展出了 2DPSK（差分相移键控）。

（3）对 2ASK、2PSK 和 2DPSK 已调信号作频谱分析可知，其传输带宽近似等于基带数字序列带宽的两倍，即 $B = \dfrac{2}{T_s}$。而 2FSK 已调信号的带宽则比两倍基带信号带宽还大，

$B = \dfrac{2}{T_s} + |f_1 - f_2|$。

（4）与二进制数字调制技术相比，多进制数字调制技术的优点是：可以提高频带利用率。在传输带宽相同时，可以提高信息传输速率；在信息传输速率相同时，可以减小传输带宽。

（5）新型调制技术主要围绕着寻找频带利用率高，同时抗干扰能力强的调制方式展开。QAM 就是利用振幅和相位联合键控来传输信息的一种新型调制技术。

习　题

1. 假设某二进制信息序列为 1001010011，采用 2ASK 方式进行传输。已知码元传输速率为 2 400 Baud，载频为 4 800 Hz。

（1）画出该二进制信息序列的 2ASK 时域波形图。

（2）画出该 2ASK 信号采用非相干解调的原理图和时域波形图。

（3）计算二进制信息序列和所对应的 2ASK 已调信号的传输带宽。

2. 已知某二进制信息序列为 11010010，采用 2FSK 方式进行传输。其中，码元传输速率为 1 200 Baud，"1" 码的载频为 2 400 Hz，"0" 码的载频为 3 600 Hz。

（1）画出 2FSK 信号的时域波形图及调制器原理框图。

（2）画出 2FSK 采用非相干解调的原理波形图。

（3）计算二进制序列和所对应的 2FSK 已调信号的传输带宽。

3. 已知某二进制信息序列为 01101101，分别采用 2PSK、2DPSK 进行传输。其中，码元周期是载波周期的两倍。

（1）根据二进制信息序列写出相对码序列。

（2）画出在 B 方式下 2PSK 和 2DPSK 的时域波形图。

（3）解释相位模糊的现象。

4. 设发送的绝对码序列为 011010，采用 2DPSK 方式传输。已知码元传输速率为 1 200 Baud，载波频率为 1 800 Hz。定义相位差 $\Delta\varphi$ 为后一码元起始相位和前一码元结束相位之差。

（1）若 $\Delta\varphi = 0°$ 代表 "0"，$\Delta\varphi = 180°$ 代表 "1"，试画出这时的 2DPSK 信号波形。

（2）若 $\Delta\varphi = 270°$ 代表 "0"，$\Delta\varphi = 90°$ 代表 "1"，则此时的 2DPSK 信号波形又如何？

第8章　复用与多址技术

【本章导读】

- 信道复用与多址通信
- 复用方式及特点
- 复接与分接的概念
- 常用多址通信技术及特点

8.1　概　述

在实际的通信系统中，信道的带宽或容量往往比传输一路信号所需的带宽大得多，为了降低成本，充分利用信道资源，常采用信道复用技术。所谓信道复用，就是把多路互不相干的信号整合到一个信道中进行传输的过程。基本的信道复用方式有·频分多路复用（Frequency Division Multiplexing，FDM）、时分多路复用（Time-Division Multiplexing，TDM）和码分多路复用（Code-Division Multiplexing，CDM）等。其中，频分多路复用是通过调制将各路信号的频谱分别搬移到不同的载波频段进行传输，也就是通过频率来区分多路信号，多用于模拟通信；时分多路复用通常是通过抽样将多路信号分别安排在固定的时隙（时间片）上进行传输，也就是通过时间来区分多路信号的，广泛应用于数字通信；码分多路复用是用一组包含互相正交的码字的码组携带多路信号，通常使用扩频码序列来区分多路信号。

与信道复用技术相对应的是多址接入技术。在有线通信（针对电话交换网）中，多用户间相互通信可通过交换技术来解决。在无线通信中，早期主要是点对点通信，不存在多用户间相互通信的问题，而现代的无线通信通常需要在移动多用户间进行通信。例如：在卫星通信系统中，多个地球站通过公共的卫星转发器来实现各地球站之间的相互通信；在蜂窝移动通信系统中，多个移动用户通过公共的基站来实现各用户的相互通信。上述用户的位置分布很广，而且可能在大范围内随时移动，如何建立多用户之间的无线信道连接则是多址连接问题，也称多址接入问题。所谓多址接入技术，是指把处于不同地点（地址）的多个用户接入一个公共的传输媒介，使多用户间同时进行通信的技术。在工程上，多址通信也称为点对多点通信。

多路复用技术和多址技术都是为了共享通信资源、解决信道复用的问题，是现代通信技术中最重要和最基本的概念之一。它们的基本原理相似，而应用目的不同，多路复用技术多用于多路信号的集中传输，而多址技术的目的是为了实现多用户在一个网络系统中的指定连接。复用技术类似生活中的"单身派对"，其目的是集中起来，而多址技术类似于生活中的"婚姻介绍"，其目的是牵线搭桥。本章主要讨论这两种技术的基本原理。

8.2 信道复用技术

8.2.1 频分多路复用

频分复用的基本思想：要传送的信号带宽是有限的，而线路可使用的带宽则远远大于要传送的信号带宽，若将信道的总带宽划分成若干个子频带（或称子信道），多路信号通过采用不同载波频率进行调制，使调制后的各路信号在不同的子频带上传输，以达到多路信号同时在一个信道内传输的目的。

图 8-2-1 所示为一个频分复用系统的组成框图。假设共有 n 路复用的信号，每路信号首先通过低通滤波器（LPF）变成频率受限的低通信号。为简便起见，假设各路信号的最高频率 f_H 都相等。然后，每路信号通过载频不同的调制器进行频谱搬移。一般来说调制的方式原则上可任意选择，但最常用的是单边带调制，因为它最节省频带。经过调制的各路信号，在频率位置上被分开。通过相加器将它们合并成适合信道内传输的频分复用信号。在接收端，可利用相应的带通滤波器（BPF）来区分开各路信号的频谱。然后，再通过各自的相干解调器便可恢复各路调制信号。

因此，图 8-2-1 中的调制器由相乘器和边带滤波器（SBF）构成。

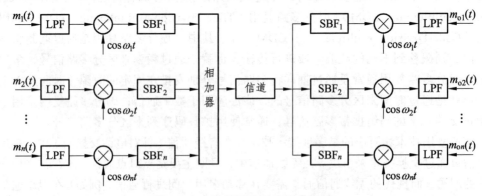

图 8-2-1 频分复用系统组成框图

频分复用的各路信号是在时间上重叠而在频谱上不重叠的信号，要求总带宽大于各个子信道带宽之和，同时为了保证各子信道中所传输的信号互不干扰，还应在各子信道之间设立防护频带。

频分复用系统的主要优点是信道复用路数多、分路方便。因此它曾经在多路模拟电话通信系统中获得广泛应用，国际电信联盟（ITU）对此制定了一系列建议。例如，ITU 将一个 12 路频分复用系统统称为一个"基群"，它占用 48 kHz 带宽；将 5 个基群组成一个 60 路的"超群"；另外，各子信道传输的信号以并行的方式工作，每一路信号传输时可不考虑传输时延，因而频分复用技术广泛应用于电视广播中图像信号和声音信号的复用。

频分复用的主要缺点是设备庞大复杂，成本较高，还会因为滤波器件特性不够理想和信道内存在非线性而出现路间干扰，故近年来已经逐步被更为先进的时分复用技术所取代。

8.2.2 时分多路复用

1．时分多路复用的原理

时分复用是建立在抽样定理基础上的。抽样定理指明：在一定条件下，时间连续的模拟信号可以用时间上离散的抽样脉冲值代替。因此，如果抽样脉冲占据时间较短，在抽样脉冲之间就留出了时间空隙，利用这种空隙便可以传输其他信号的抽样值。时分复用就是利用各路信号的抽样值在时间上占据不同的时隙，来达到在同一信道中传输多路信号而互不干扰的一种方法。

下面通过举例来说明时分复用技术的基本原理，假设有 3 路 PAM 信号进行时分复用，其传输波形如图 8-2-2 所示。

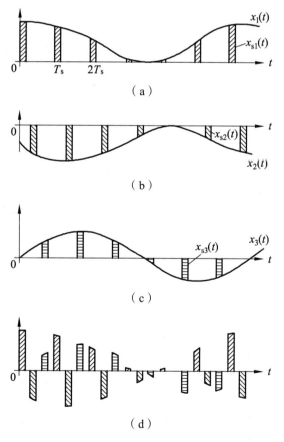

图 8-2-2 3 路时分多路复用波形

上述过程可通过如图 8-2-3 所示的框图实现。各路信号首先通过相应的低通滤波器（预滤波器）变为频带受限的低通型信号。然后再送至旋转开关（抽样开关），每单位时间将各路信号依次抽样一次，在信道中传输的合成信号就是 3 路信号在时间域上周期地互相错开的 PAM 信号，即 TDM-PAM 信号。

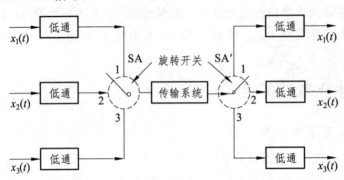

图 8-2-3　3 路 PAM 信号时分复用原理

抽样时，各路轮一次的时间称为一帧，长度记为 T_s，这就是旋转开关旋转一周的时间，即一个抽样周期。一帧中相邻两个抽样脉冲之间的时间间隔叫作路时隙（简称为时隙），即每路 PAM 信号每个样值允许占用的时间间隔，记为 $T_a = T_s / n$，这里复用路数 $n = 3$。3 路 PAM 信号时分复用的帧和时隙如图 8-2-4 所示。

图 8-2-4　3 路 PAM 信号时分复用的帧结构图

上述概念可以推广到 n 路信号的时分复用。多路复用信号可以直接送入信道进行基带传输，也可以加至调制器后再送入信道进行频带传输。在接收端，合成的时分复用信号由旋转开关依次送入各路相应的低通滤波器，重建或恢复出原始的模拟信号。需要指出的是，TDM 中发送端的抽样开关和接收端的分路开关必须保持同步。

由于各种原因，时分复用技术的标准未能统一，存在着两种不同的制式。即 A 律 13 折线压缩特性——PCM30/32 路制式（E 体系）和 μ 律 15 折线压缩特性——T 体系。我国和欧洲等国采用的是 PCM30/32 路制式，日本和北美等国采用 PCM24 路制式。其中，PCM24 路制式又包含两种不同的标准。下面对 PCM30/32 路系统进行简单介绍。

2．PCM30/32 路系统

A 律 13 折线 PCM30/32 路系统中，一帧共有 32 个时隙，可以传送 30 路电话，即复用的路数 $n = 32$ 路，其中话路数为 30。PCM 30/32 路系统的帧结构如图 8-2-5 所示。

从图 8-2-5 可以看到，在 PCM 30/32 路的制式中，一个复帧由 16 帧组成，一帧由 32 个时隙组成，一个时隙有 8 个比特。对于 PCM30/32 路系统，由于抽样频率为 8 000 Hz，抽样周期（即 PCM30/32 路的帧周期）为 $1/8\ 000 = 125\ (\mu s)$；一个复帧由 16 帧组成，这样复帧周期为 2 ms；一帧内包含 32 路，则每路占用的时隙为 $125/32 = 3.91\ (\mu s)$；每时隙包含 8 位折叠二进制，因此，位时隙占 488 ns。

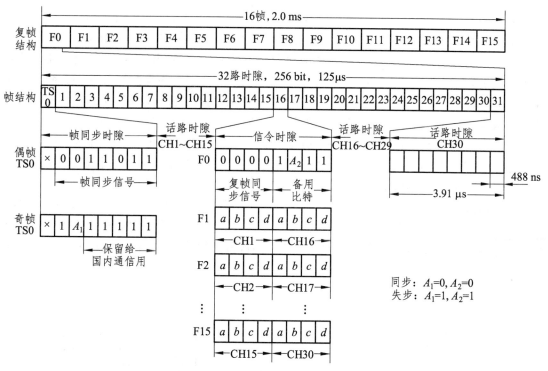

图 8-2-5　PCM 30/32 路系统的帧结构

　　从传输速率来讲，每秒钟能传送 8 000 帧，而每帧包含 $32 \times 8 = 256$（bit），因此，传码率为 2.048 MB，信息速率为 2.048 Mbps。

　　前面讨论的 PCM30/32 路（或 PCM24 路）时分多路系统，称为数字基群（即一次群）。为了能使宽带信号（如电视信号）通过 PCM 系统传输，必须有较高的传码率，因此，提出了数字复接技术。所谓数字复接技术，就是把较低群次的数字流汇合成更高群次的数字流。实际应用中通常采用准同步方式进行复接，因而称为准同步数字系列（Plesiochronous Digital Hierarchy，PDH）。国际电信联盟（ITU）推荐了两种一次、二次、三次、四次和五次群的数字等级系列，如表 8-2-1 所示。

表 8-2-1　数字复接系列（准同步数字系列）

群　号	2M 系列		1.5M 系列	
	速　率	路　数	速　率	路　数
一次群（基群）	2.048 Mb/s	30	1.544 Mb/s	24
二次群	8.448 Mb/s	$30 \times 4 = 120$	6.312 Mb/s	$24 \times 4 = 96$
三次群	34.368 Mb/s	$120 \times 4 = 480$	32.064 Mb/s	$96 \times 5 = 480$
四次群	139.264 Mb/s	$480 \times 4 = 1920$	97.728 Mb/s	$480 \times 3 = 1440$
五次群	564.992 Mb/s	$1920 \times 4 = 7680$	397.200 Mb/s	$1440 \times 4 = 5760$

从表 8-2-1 可以看出，PDH 有两种基础速率：一种是以 1.544 Mbps 为第一级（一次群，或称基群）基础速率，采用的国家有北美各国和日本；另一种是以 2.048 Mbps 为第一级（一次群）基础速率，采用的国家有欧洲各国和中国。表 8-2-1 还列出了两种基础速率各次群的速率、话路数及其关系。对于以 2.048 Mbps 为基础速率的制式，各次群的话路数按 4 倍递增，速率的关系略大于 4 倍，这是因为复接时插入了一些相关的比特。对于以 1.544 Mbps 为基础速率的制式，在 3 次群以上，日本和北美各国又不相同。

PDH 优点：易于构成通信网，便于分支与插入；复用倍数适中，具有较高效率；可视电话、电视信号及频分制载波信号能与某一高次群相适应；与传输媒质（如电缆、同轴电缆、微波、波导、光纤等）传输容量相匹配。

数字通信系统除了传输电话外，还可传输其他相同速率的数字信号，如可视电话、频分制载波信号以及电视信号。为了提高通信质量，这些信号可以单独变为数字信号传输，也可以和相应的 PCM 高次群一起复接成更高一级的高次群进行传输。基于 PCM30/32 路系列的数字复接体制的结构如图 8-2-6 所示。

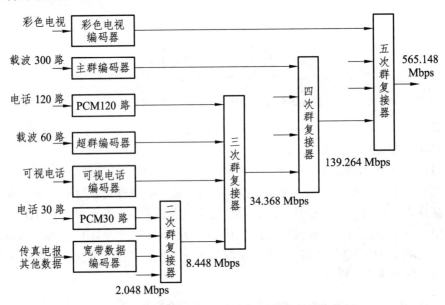

图 8-2-6　基于 PCM30/32 路系列的数字复接体制

3．同步数字系列

随着光纤通信的发展，准同步数字系列已经不能满足大容量高速传输的要求，不能适应现代通信网的发展要求，其缺点主要体现在以下几个方面。

（1）不存在世界性标准的数字信号速率和帧结构标准，不存在世界性的标准光接口规范，无法在光路上实现互通和调配电路。

（2）复接方式大多采用按位复接，不利于以字节为单位的现代信息交换。

（3）准同步系统的复用结构复杂，缺乏灵活性，硬件数量大，上、下业务费用高。

基于传统的准同步数字系列有上述缺点，为了适应现代电信网和用户对传输的新要求，必须从技术体制上对传输系统进行根本的改革。因此，ITU 制订了 TDM 制的 150 Mbps 以上的同步数字系列（Synchronous Digital Hierarchy，SDH）标准。它不仅适用于光纤传输，也适用于微波及卫星等其他传输手段。它可以有效地按动态需求方式改变传输网拓扑，充分发挥网络构成的灵活性与安全性，而且在网络管理功能方面大大增强。数字复接系列（同步数字系列）如表 8-2-2 所示。

表 8-2-2　数字复接系列（同步数字系列）

同步数字系列	STM-1	STM-4	STM-16	STM-64
速率	155.52 Mbps	622.08 Mbps	2 488.32 Mbps	9 953.28 Mbps

由于 SDH 具有同步复用、标准光接口和强大的网络管理能力等优点，在 20 世纪 90 年代中后期得到了广泛应用，而原有的 PDH 数字传输网已逐步纳入到了 SDH 网。

8.2.3　码分多路复用

码分多路复用是在 FDM 和 TDM 的基础上发展起来的一种更加先进的复用技术。在 FDM 中，通信系统的信道被分配给多路信号使用，多路信号共享时间资源，即可以进行同时传送，为了防止多路信号相互干扰，系统中的每一个子信道的频带必须互不重叠，且要留有保护带；在 TDM 中，多路信号分别独占一个时隙，享有整个信道资源，即每一路信号可以使用同频传输。而 CDM 中的多路信号可以同一时间使用整个信道进行数据传输，它在信道与时间资源上均为共享。因此，CDM 信道的效率高，系统的容量大。为了防止多路信号在系统中传输时相互干扰，必须采用正交编码或伪随机码。4 路码分复用的原理如图 8-2-7 所示。

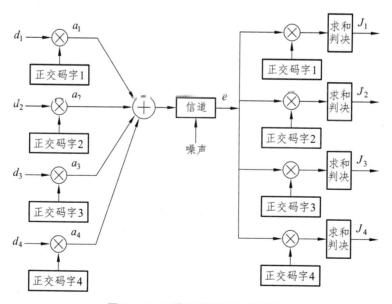

图 8-2-7　4 路码分复用的原理图

图 8-2-8 画出了码分复用系统中各点的波形，由此可以更加深刻理解码分复用系统的工作原理。其中 $d_1 \sim d_4$ 为 4 路信号的数据波形；$W_1 \sim W_4$ 为 4 个正交码，分别为[1　1　1　1]、[1　-1　1　-1]、[1　1　-1　-1]、[1　-1　-1　1]。$a_1 \sim a_4$ 表示信号 1、2、3、4 与载波相乘

后的信号。信道中传输的复用信号为 e，在接收端，复用信号分别和本路的载波相乘、求和，经过抽样判决后恢复出原始的数据 $J_1 \sim J_4$。

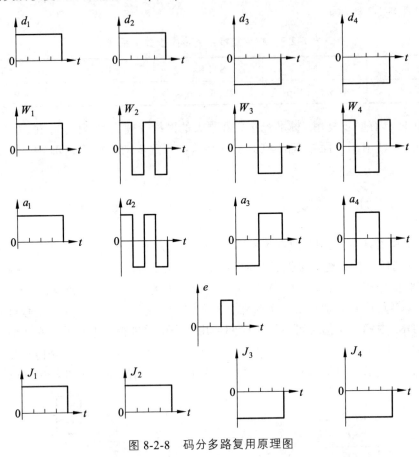

图 8-2-8　码分多路复用原理图

8.2.4　正交频分多路复用

　　传统的频分复用将带宽分成几个子信道进行传输，中间用保护频带来降低干扰。它的频谱利用率低，子信道之间要留有保护频带，而且随着频分路数的增加，系统实现会更加复杂。正交频分多路复用（Orthogonal Frequency Division Multiplexing，OFDM）是一种无线环境下的多载波传输技术，也可以看作是一种多载波数字调制技术或多载波数字复用技术。正交频分复用系统由于使用无干扰正交载波技术，单个载波间无须保护频带，比传统的 FDM 系统要求的带宽要小很多，因而带宽利用率较高。

　　正交频分多路复用技术在频域内将给定信道分成许多正交子信道后，在每个子信道上使用一个子载波进行调制，且各子载波并行传输。这样每个子信道上进行的都是窄带传输，信号带宽小于信道的相应带宽，因此就可以大大消除信号波形间的干扰，能有效对抗频率选择性衰落。为消除多径衰落的影响，在正交频分多路复用符号间加入循环前缀作为保护间隔，能有效避免码间干扰。

　　正交频分多路复用的基带传输系统原理如图 8-2-9 所示。数据首先经过调制（通常采用 BPSK、QPSK 或 QAM），然后经过快速傅里叶反变换（IFFT），由频域信号转变为时域信号。

傅里叶反变换的好处就在于使得各子信道上的信号相互正交，然后经过数/模（D/A）转换，成为正交频分多路复用基带信号。在接收端则正好相反，信号要经过快速傅里叶变换（FFT），由时域信号转换为等同的频谱，再经过解调，还原成数据。

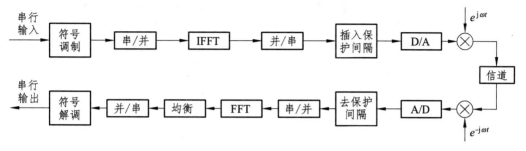

图 8-2-9　OFDM 基带传输系统原理

正交频分多路复用技术之所以越来越受关注，是因为它具有很多独特的优点，如频谱利用率很高、抗衰落能力强、适合高速数据传输和抗码间干扰能力强等。当然，正交频分多路复用也有其缺点，例如，对频偏和相位噪声比较敏感；功率峰值与均值比（PAPR）大，导致射频放大器的功率效率较低；负载算法和自适应调制技术会增加系统复杂度等。

目前，OFDM 已经广泛地应用于非对称数字用户环路（ADSL）、高清晰度电视（HDTV）信号传输、数字视频广播（DVB）、无线局域网（WLAN）等领域，并且开始应用于无线广域网（WWAN）和正在研究将其应用在下一代蜂窝网中。IEEE 的 5 GHz 无线局域网标准 802.11a 和 2～11 GHz 的标准 802.16a 均采用 OFDM 作为它的物理层标准。欧洲电信标准化组织（ETSI）也将 OFDM 定为宽带射频接入网（BRAN）局域网的调制标准技术。

8.2.5　波分多路复用

所谓波分复用（Wavelength Division Multiplexing，WDM），就是采用波分复用器（合波器）在发送端将规定波长的信号光载波合并起来，并送入一根光纤中传输；在接收侧，再由另一个波分复用器（分波器）将这些不同信号的光载波分开。由于不同波长的光载波信号可以看作是相互独立的（不考虑光纤非线性时），因而在一根光纤中可实现多路光信号的复用传输。不同类型的光波分复用器可以复用的波长数也不同，目前商用化的一般是 8 个波长、16 个波长和 32 个波长的系统。波分复用系统的原理如图 8-2-10 所示。

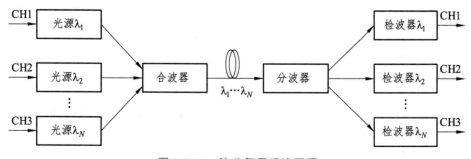

图 8-2-10　波分复用系统原理

在 20 世纪 80 年代初光纤通信兴起时，首先被采用的是 1 310 nm/1 550 nm 的两个波长复用系统（即在光纤的两个低损耗窗口 1 310 nm 和 1 550 nm 各传送一路光波长信号），也叫粗波分复用系统。这种系统比较简单，一般采用熔融的波分复用器，插入损耗小，在每个中继站，两个波长都进行解复用和光/电/光再生中继。随着 1 550 nm 窗口 EDFA（掺铒光纤放大器）的商用化，光传输工程可以利用 EDFA 对传送的光信号进行放大，实现超长距离无电再生中继传输，在 1 550 nm 窗口传送多个波长信号，这些信号相邻波长间隔较窄，且工作在一个共享的 EDFA 工作带宽内，这种波长间隔紧密的 WDM 系统称为密集型波分复用系统（DWDM）。

ITU-T G.692 建议，DWDM 系统的绝对参考频率为 193.1 THz（对应波长 1 552.52 nm），不同波长的频率间隔为 100 GHz 的整数倍（对应波长间隔约为 0.8 nm 的整数倍）。

8.3　多址技术

前面已经谈到，多址接入技术的目的是让多个用户能同时接入公共的传输媒介，保证各个通信双方的信号互不干扰。以蜂窝移动通信为例，每一代通信系统都有自己独特的多址接入技术，例如：第一代移动通信系统（1G）主要业务是语音业务，其多址接入主要采用频分多址（FDMA）；第二代移动通信系统（2G）主要业务是语音业务和简单的数据业务（发短信），其多址接入主要采用时分多址（TDMA）；第三代移动通信系统（3G）主要业务是窄带多媒体业务，其多址接入主要采用码分多址（CDMA）；第四代移动通信系统（4G）主要业务是宽带多媒体业务，其多址接入主要采用正交频分多址（OFDMA）；目前正在兴起的第五代移动通信系统（5G）主要采用非正交多址接入技术（Non-Orthogonal Multiple Access，NOMA）。下面以移动通信系统为例简单介绍多址接入技术。

8.3.1　频分多址

频分多址是把通信系统的总频段划分成若干个等间隔的频道并按要求分配给请求服务的用户，在呼叫的整个过程中，其他用户不能共享这一频段。这些频道互不交叠，其宽度应能保证传输一站话音信号，且相邻频道之间没有超出允许的串扰信号。

从图 8-3-1 中可以看出，在 FDMA 系统中，分配给用户一个信道，即一对频谱：一个频谱用作前向信道（即基站向移动台方向的信道）；另一个则用作反向信道（即移动台向基站方向的信道）。这种通信系统的基站必须同时发射和接收多个不同频率的信号，任意两个移动用户之间进行通信都必须经过基站的中转，因而必须同时占用 2 个信道（2 对频谱）才能实现双工通信。

频分多址技术比较成熟，易于与模拟系统兼容。第一代蜂窝式移动电话系统采用的就是频分多址技术。但是，利用频分多址技术的模拟移动通信系统由于系统容量、抗干扰性和保密性无法满足日益增长的移动业务需要，目前已被淘汰。

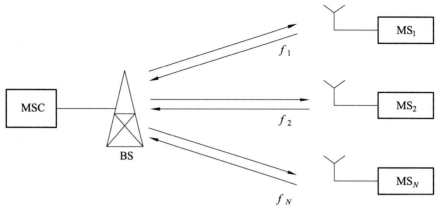

图 8-3-1　FDMA 系统的工作示意

8.3.2　时分多址

时分多址是在一个宽带的无线载波上，把时间分成周期性的帧，每一帧再分割成若干时隙（无论帧或时隙都是互不重叠的），每个时隙就是一个通信信道，分配给一个用户。

如图 8-3-2 所示，TDMA 系统根据一定的时隙分配原则，使各个移动台在每帧内只能按指定的时隙向基站发射信号（突发信号），在满足定时和同步的条件下，基站可以在各时隙中接收到各移动台的信号而互不干扰。同时，基站发向各个移动台的信号都按顺序安排在预定的时隙中传输，各移动台只要在指定的时隙内接收，就能在合路的信号（TDM 信号）中把发给它的信号识别出来。

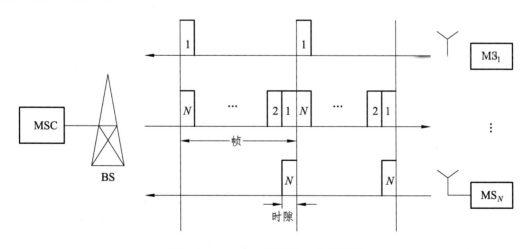

图 8-3-2　TDMA 系统的工作示意图

第二代数字蜂窝系统广泛采用窄带 TDMA 方式，如我国的 GSM、美国的 ADC 和日本的 PDC 等。

8.3.3　码分多址

CDMA 技术的原理是基于扩频技术，即将需传送的具有一定信号带宽信息数据用一个带宽远大于信号带宽的高速伪随机码进行调制，使原数据信号的带宽被扩展，再经载波调制并发送出去。接收端使用完全相同的伪随机码，与接收的带宽信号做相关处理，把宽带信号换成原信息数据的窄带信号（即解扩），以实现信息通信。

在码分多址系统中，如果从频域或时域来观察，多个 CDMA 信号是互相重叠的，也就是说，不同用户传输信息所用的信号不是靠频率不同或时隙不同来区分，而是用各自不同的编码序列来区分，或者说，靠信号的不同波形来区分。图 8-3-3 所示为三种接入方式的原理。

多址接入方式	建立多址接入时区分信道的依据
频分多址方式（FDMA）	传输信号的载波频率不同
时分多址方式（TDMA）	传输信号存在的时间不同
码分多址方式（CDMA）	传输信号的码型不同

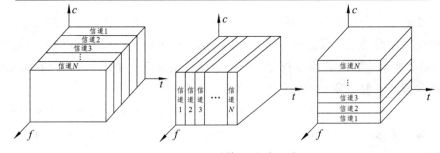

图 8-3-3　三种接入方式示意

由于 CDMA 体制具有抗人为干扰、抗窄带干扰、抗多径干扰、抗多径延迟扩展的能力，同时具有提高蜂窝系统的通信容量和便于模拟与数字体制的共存与过渡等优点，使得 CDMA 数字蜂窝系统成为 TDMA 数字蜂窝系统的强有力的竞争对手，是第三代移动通信系统（3G）的核心技术。

综上所述，复用技术的目的是让多个信号共同使用同一个物理资源（即物理通道），多址技术的目的是通过区分地址（即信道）来区分不同用户，即"复用针对资源，多址针对用户"。另外，多址需要用复用来实现。

本章小结

（1）当一条物理信道的传输能力高于一路信号的需求时，该信道就可以被多路信号共享。复用就是解决如何利用一条信道同时传输多路信号的技术。其目的是为了充分利用信道的资源，提高信道的利用率。常用的信道复用方式有频分多路复用、时分多路复用和码分多路复用等。

（2）在时分复用过程中，将低次群合并成高次群的过程称为复接，将高次群分解为低次群的过程称为分接。在复接过程中，需要将各路 TDM 信号的时钟调整统一。

（3）OFDM 是一种无线环境下的多载波传输技术，由于使用无干扰正交载波技术，单个载波间无须保护频带，比传统的 FDM 系统要求的带宽要小很多，因而带宽利用率较高、抗干扰能力强。

（4）波分多路复用（WDM）与频分多路复用相同，只是不同子信道使用的是不同波长的光波而非频率来承载，主要用于光纤通信系统中。

（5）所谓多址技术，就是指把处于不同地址的多个用户接入一个公共的传输媒介，实现各用户之间的通信技术。多址技术又称为"多址连接"。常见的多址通信系统主要有 FDMA、TDMA 和 CDMA。

习　题

1. 多路复用与多址通信有什么区别？
2. 简述 PCM 30/32 路的帧结构。
3. 简述常用的复用方式及特点。
4. 简述扩频原理。

第 9 章　同步原理

【本章导读】

- 同步的概念
- 同步的分类和方法

9.1　概　述

同步又称为定时，是指通信系统的收、发双方在时间上步调一致，例如：收、发两端时钟的一致；收、发两端载波频率和相位的一致；收、发两端帧和复帧的一致等。通信系统只有在收、发两端建立了同步后才能开始传送信息，所以同步系统是通信系统进行信息可靠传输的必要和前提。另外，同步性能的好坏又将直接影响通信系统的性能，如果出现同步误差或失去同步就会导致通信系统性能下降或通信中断。因此，在设计通信系统时，通常都要求同步系统的可靠性要高于信息传输系统的可靠性。

9.1.1　同步的分类

按同步的功能来区分，同步可分为载波同步、位同步（码元同步）、帧同步（群同步）和网同步（数字通信网中使用）四种。其中，载波同步、位同步和帧同步是基础，针对的是点对点通信，网同步以前面三种同步技术为基础，针对的是点对多点通信。

1．载波同步

由前面的学习可知，无论是模拟调制系统还是数字调制系统，要想实现相干解调，必须在接收端产生相干载波，这个相干载波应与发送端的载波在频率上同频，在相位上保持某种同步关系。在接收端获取这个相干载波的过程称为载波同步（或载波提取）。

2．位同步

在数字通信系统中，不管采用何种传输方式（基带传输或者频带传输），也不管采用何种解调方式，都需要位同步。因为在数字通信中，任何消息都是通过一连串码元序列表示且传送的，这些码元一般均具有相同的持续时间（称为码元周期）。接收端接收这些码元序列时，必须知道每个码元的起止时刻，以便在恰当的时刻进行抽样判决。这就要求接收端必须提供一个码元定时脉冲序列，该序列的重复频率和相位必须与接收到的码元重复频率和相位一致，以保证在接收端的定时脉冲重复频率与发送端的码元速率相同，相位与最佳抽样判决时刻一致。我们把提取这种码元定时脉冲序列的过程称为位同步。

3．帧（群）同步

数字通信中的信息数字流总是用若干码元组成一个"字"，又用若干"字"组成一"句"。因此，在接收这些数字流时，同样也必须知道这些"字""句"的起止时刻。而在接收端提取与"字""句"起止时刻相一致的定时脉冲序列，就称为帧（群）同步。

4．网同步

有了上面三种同步，就可以保证点与点的数字通信，但对于数字网的通信来说还不够。随着数字通信的发展，尤其是计算机通信的发展，多个用户之间的通信和数据交换，构成了数字通信网。在一个通信网中，往往需要把各个方向传来的信息，按不同目的进行分路、合路和交换。为了保证通信网内各用户之间可靠地进行数据交换，整个数字通信网内的交换必须有一个统一的时间节拍标准，即整个网络必须同步地工作，这就是网同步需要讨论的问题。

9.1.2　同步信号的获取方式

同步信号也是一种信息，按照获取和传输同步信息方式的不同，可分为外同步法和自同步法。

1．外同步法

所谓外同步法，就是由发送端发送专门的同步信息（常被称为导频），接收端把这个导频提取出来，作为同步信号的方法，有时也称为插入导频法。

2．自同步法

所谓自同步法，就是指发送端不发送专门的同步信息，而是在接收端设法从收到的信号中提取同步信息的方法，通常也称为直接法。

自同步法是人们最希望实现的同步方法，因为采用这种方法可以把全部功率和带宽都分配给传输信号，从而提高传输效率。

在载波同步和位同步中，上述两种方法均可采用，且自同步法正得到越来越广泛的应用。帧（群）同步一般采用外同步法。

9.2　载波同步

在调制通信系统中，接收端都要完成对已调信号的解调过程。如果接收端采用相干解调，则需要一个与发送端同频同相的相干载波。获得这个相干载波的过程称为载波提取或载波同步。载波同步的方法通常有插入导频法和直接法两种。

9.2.1　插入导频法

插入导频法是指在已调信号频谱中插入称为导频的正弦信号，在接收端利用窄带滤波器把它提取出来，再经过适当的处理形成接收端所需要的相干载波。所谓导频信号，是指其与相干载波具有正交关系，即相位相差 $\pi/2$。另外，导频的插入位置应该在信号频谱为零的位置，否则导频与已调信号频谱成分重叠，接收时不易提取。

插入导频法主要用于已调信号中不包含离散载波频谱分量的情况，如模拟通信中的 DSB、SSB 信号在通信时就需在发送端插入导频信号。DSB 信号在插入了导频信号后的频谱如图 9-2-1 所示。

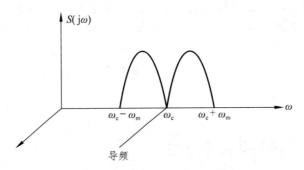

图 9-2-1　插入导频位置示意

根据 DSB 已调信号的表达式

$$s(t) = Am(t)\cos\omega_c t$$

插入正交导频信号后的已调信号 $s_0(t)$ 为

$$s_0(t) = Am(t)\cos\omega_c t + A\sin\omega_c t$$

其原理如图 9-2-2（a）所示。

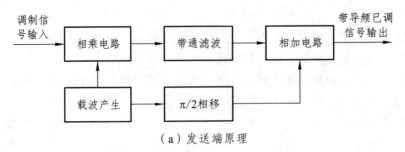

（a）发送端原理

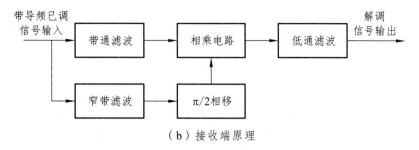

（b）接收端原理

图 9-2-2 插入导频法原理

当接收端收到该已调信号后，利用一个中心频率为 ω_c 的窄带滤波器就可取得导频 $A\sin\omega_c t$，再将它移相 $\pi/2$，就可得到与调制载波同频同相的信号 $A\cos\omega_c t$。

接收端相乘器的输出为

$$v(t) = s_0(t)\cos\omega_c t$$
$$= \left[Am(t)\cos\omega_c t + A\sin\omega_c t\right]\cos\omega_c t$$
$$= Am(t)\cos^2\omega_c t + A\sin\omega_c t\cos\omega_c t$$
$$= \frac{A}{2}m(t) + \frac{A}{2}m(t)\cos^2\omega_c t + \frac{A}{2}\sin 2\omega_c t$$

再将此信号通过一个低通滤波器，滤除掉 $2\omega_c$ 的频率成分，即可得到调制信号 $m(t)$。其原理框图如图 9-2-2（b）所示。

需要注意的是，这里如果不采用与载波正交的导频信号，而直接插入载波信号，则从接收端相乘器的输出可以发现，除了有调制信号外，还包含了直流分量，这个直流分量将通过低通滤波器对数字信号产生影响。

插入导频法提取载波通常需要使用一个窄带滤波器。这个窄带滤波器也可以用锁相环来代替，这是因为锁相环本身就是一个性能良好的窄带滤波器，所以使用锁相环后，载波提取的性能将有所改善。

9.2.2　直接法

在调制过程中，有些已调信号本身就包含了调制载波的频谱分量，如 AM、ASK 信号等。这类信号在接收端可以直接进行载波提取。而某些已调信号，虽然不包含调制载波的频谱分量，但经过某种非线性变换以后就具有了载波频谱分量成分，对这类信号也可以直接进行载波提取，如 DSB、PSK 信号等。下面介绍两种直接提取载波的方法。

1．平方变换法

设调制信号为 $m(t)$ 且无直流分量，则抑制载波的双边带信号为

$$s(t) = Am(t)\cos\omega_c t$$

接收端将该信号进行平方变换，即经过一个平方律部件后就得到

$$e(t) = A^2 m^2(t)\cos^2 \omega_c t$$
$$= \frac{A^2}{2} m^2(t) + \frac{A^2}{2} m^2(t)\cos 2\omega_c t$$

虽然 $m(t)$ 无直流分量，但 $m^2(t)$ 却一定有直流分量，这是因为 $m^2(t)$ 必为大于等于 0 的数，因此。$m^2(t)$ 的均值必大于 0，而这个均值就是 $m^2(t)$ 的直流分量，这样 $e(t)$ 的第二项中就包含 $2\omega_c$ 频率的分量。若用一窄带滤波器将 $2\omega_c$ 频率分量滤出，再进行二分频就可获得载频 ω_c。平方变换法提取载波的原理如图 9-2-3 所示。

图 9-2-3　平方变换法提取载波的原理

2．平方环法

为了改善平方变换的性能，可以在平方变换法的基础上，把窄带滤波器用锁相环替代，构成如图 9-2-4 所示的框图，这样就实现了平方环法提取载波。由于锁相环具有良好的跟踪、窄带滤波和记忆性能，因此平方环法比一般的平方变换法具有更好的性能，因而得到广泛的应用。

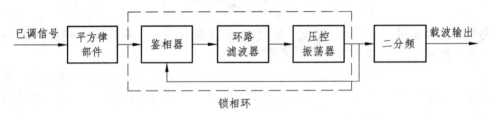

图 9-2-4　平方环法提取载波的原理框图

需要注意的是，上述两种提取载波的方框图中都用了一个二分频电路。因此，提取出的载波存在 π 相位模糊问题。对相移信号而言，解决这个问题的常用方法就是采用前面已介绍过的相对相移。

9.3　位同步

在数字通信系统中，发送端按照确定的时间顺序逐个传输数码脉冲序列中的每个码元，接收端为了正确判决所接收到的码元，接收端必须提供一个确定抽样判决时刻的"定时脉冲序列"。这个定时脉冲序列的重复频率必须与发送的数码脉冲序列一致，同时在最佳判决时刻（或称为最佳相位时刻）对接收码元进行抽样判决。我们把在接收端产生这种定时脉冲序列的过程称为位同步，或称码元同步。实现位同步的方法和载波同步类似，也有插入导频法（外同步法）和直接法（自同步法）两种。

需要注意的是，在提取位同步定时信号时，首先要确定接收到的信息数据流中是否包含有位定时信号的频率分量，如果存在此分量，就可以利用滤波器从信息数据流中把位定时信息提取出来；若不存在此分量，为获得位同步信号，可在基带信号中插入位同步的导频信号，或者对该基带信号进行某种码型变换以得到位同步信息。

9.3.1 插入导频法

位同步的插入导频法与载波同步的插入导频法类似，导频信号也是在基带信号频谱的零点插入导频信号，这样才能不影响基带信号频谱，同时保证接收端提取导频的纯度。

如图 9-3-1（a）所示，基带信号频谱的第一过零点处在 $1/T_s$，插入的导频信号就应该在 $f=1/T_s$ 处。若经某种相关编码处理后的基带信号，其频谱的第一过零点处在 $f=1/2T_s$ 处，插入的导频信号就应该在 $f=1/2T_s$ 处，如图 9-3-1（b）所示。

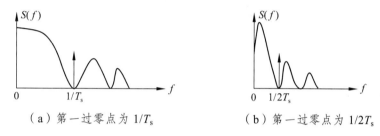

（a）第一过零点为 $1/T_s$ （b）第一过零点为 $1/2T_s$

图 9-3-1 导频插入位置示意图

在接收端，对图 9-3-1（a）所示的情况，经中心频率为 $f=1/T_s$ 的窄带滤波器就可从解调后的基带信号中提取位同步所需的信号，这时位同步脉冲的周期与插入导频的周期是一致的。对 9-3-1（b）所示的情况，窄带滤波器的中心频率应为 $f=1/2T_s$，因为这时位同步脉冲的周期为插入导频周期的 1/2，故需将插入导频 2 倍频，才能获得 $1/T_s$ 的位同步信息。

插入导频法的另一种形式是使数字信号的包络按位同步信号的某种波形变化。例如，PSK信号和 FSK 信号都是包络不变的等幅波，可将位导频信号调制在它们的包络上，而接收端只要用普通的包络检波器就可恢复位同步信号。

9.3.2 自同步法

当系统的位同步采用自同步方法时，发送端不需要专门发送导频信号，而是直接从数字信号中提取位同步信号。这种方法的优点是既不消耗额外的功率，也不占用额外的信道资源。但是，采用这种方法的前提条件是基带信号码流中必须含有位同步频率分量，或者经过简单变换之后可以产生位同步频率分量，为此常需要对信源产生的信息进行重新编码。自同步法具体又可分为滤波法和锁相法。

1．采用滤波法提取位同步信号

根据基带信号的谱分析可知，对于不归零的随机二进制序列，不能直接从其中滤出位同步信号。但是，若对该信号进行某种变换，如变成单极性归零脉冲后，则该序列中就有 $f=1/T_s$ 的位同步信号分量，再经一个窄带滤波器，则可滤出此信号分量。将它通过一移相器调整相位后，就可以形成位同步脉冲，这种方法的原理如图 9-3-2 所示。

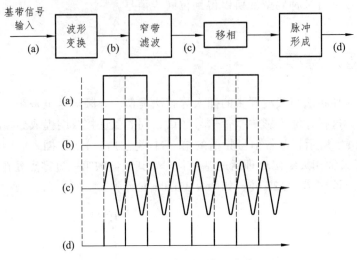

图 9-3-2　采用滤波法提取位同步信号原理

2．采用锁相法提取位同步信号

与载波同步的提取类似，把采用锁相环来提取位同步信号的方法称为锁相法。采用锁相法提取位同步的原理如图 9-3-3 所示，它由高稳定度振荡器（晶振）、分频器、相位比较器和控制电路组成。其中，控制电路包括图中的扣除门、附加门和"或门"。高稳定度振荡器产生的信号经整形电路变成周期性脉冲，然后经控制器送入分频器，输出位同步脉冲序列。输入相位基准与由高稳定振荡器产生的经过整形的 n 次分频后的相位脉冲进行比较，由两者相位的超前或滞后，来确定扣除或附加一个脉冲，以调整位同步脉冲的相位。

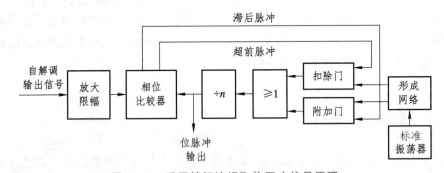

图 9-3-3　采用锁相法提取位同步信号原理

9.4　帧同步

帧同步是建立在位同步基础之上的一种同步。位同步保证了数字通信系统中收、发两端码元序列的同频同相，这可以为接收端提供各个码元的准确抽样判决时刻。数字通信中，一定数目的码元序列代表着一定的信息（如字母、符号或数字），通常总是以若干个码元组成一个"字"，若干个"字"组成一个"句"，即组成一个个的"帧"进行传输。因此，帧同步信号的频率很容易由位同步信号经分频得到。但是，每个帧的开头和末尾时刻却无法由分频器的输出决定。这样，帧同步的任务就是在位同步的基础上识别出这些数字信息帧("字"或"句")的起止时刻，或者说给出每个帧的"开头"和"末尾"时刻，使接收设备的帧定时与接收到的信号中的帧定时处于同步状态。

实现帧同步通常采用的方法有两类：一类是在数字信息流中插入一些特殊码组作为每帧的头尾标记，接收端根据这些特殊码组的位置就可以实现帧同步，这类方法称为外同步法；另一类方法不需要外加特殊码组，利用数据码组本身之间彼此不同的特性来实现帧同步，这种方法称为自同步法。

通常采用的外同步方法是起止式同步法和插入特殊同步码组的同步法。而插入特殊码组的方法有：集中式插入法和间隔式插入法。集中式插入法就是在每帧的开头集中插入帧同步码组；间隔式插入法则是将帧同步码组分散插入到数据流中，即每隔一定数量的信息码元插入一个帧同步码元。

9.4.1　起止式同步法

目前，数字电传机中广泛使用的就是起止式同步法。在电传机中，电报的一个字有 7.5个码元组成，如图 9-4-1 所示。每个字开头先发一个码元的起脉冲（负值），中间 5 个码元是消息，字的末尾是 1.5 码元宽度的止脉冲（正值）。这样，接收端可根据 1.5 个码元宽度的高电平第一次转换到低电平这一特殊规律来确定一个字的起始位置，从而实现了帧同步。

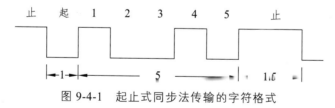

图 9-4-1　起止式同步法传输的字符格式

这种 7.5 单位码的起止脉冲宽度与码元宽度不一致会给数字通信的同步传输带来一定困难。另外，在这种同步方式中，7.5 个码元中只有 5 个码元用于传递信息，因此传输效率较低。但起止式同步的优点是结构简单、易于实现，特别适合于异步低速数字传输方式。

9.4.2　集中式插入法

1．集中式插入法的原理

集中式插入法又称为连贯式插入法，是将帧同步码组以集中的形式插入信息码流中，一般帧同步码组集中插入在一帧的开始。因此，连贯式插入法就是在每帧的开头集中插入帧同步码字的同步方法。此方法的关键是要找出作为帧同步码组的特殊码组。

对作为帧同步码组的特殊码组的要求是：同步码组在信息码元序列中不易出现以便识别，即将信息码元误认为同步码组的概率要小；当同步码组中有误码时，漏识别的概率也要小；

识别该特殊码组的识别器应该尽量简单。具体地说，就是要求该码组具有尖锐单峰特性的自相关函数；便于与信息码区别；码长适当，以保证传输效率。

符合上述要求的特殊码组有：全0码、全1码、1与0交替码、巴克码、电话基群帧同步码0011011。目前常用的帧同步码组是巴克码。巴克码是一种非周期序列。

一个 n 位的巴克码组为 $\{x_1, x_2, x_3, \cdots, x_n\}$，其中 x_i 取值为 $+1$ 或 -1，它的局部自相关函数为

$$R(j) = \sum_{i=1}^{N-j} x_i x_{i+1} = \begin{cases} n, & j=0 \\ 0 \text{ 或 } \pm 1, & 0 < j < n \\ 0, & j \geqslant n \end{cases}$$

目前已找到的所有巴克码组如表 9-4-1 所示，其中"$+$"和"$-$"号分别表示该巴克码组第 i 位码元 a_i 的取值为"$+1$"和"-1"，它们分别与二进制码的"1"和"0"对应。

表 9-4-1　常见巴克码码组

码长	巴克码组	对应的二进制码
2	$(+\ +), (-\ +)$	$(1\ 1), (0\ 1)$
3	$(+\ +\ -)$	$(1\ 1\ 0)$
4	$(+\ +\ +\ -), (+\ +\ -\ +)$	$(1\ 1\ 1\ 0), (1\ 1\ 0\ 1)$
5	$(+\ +\ +\ -\ +)$	$(1\ 1\ 1\ 0\ 1)$
7	$(+\ +\ +\ -\ -\ +\ -)$	$(1\ 1\ 1\ 0\ 0\ 1\ 0)$
11	$(+\ +\ +\ -\ -\ -\ +\ -\ -\ +\ -)$	$(1\ 1\ 1\ 0\ 0\ 0\ 1\ 0\ 0\ 1\ 0)$
13	$(+\ +\ +\ +\ +\ -\ -\ +\ +\ -\ +\ -\ +)$	$(1\ 1\ 1\ 1\ 1\ 0\ 0\ 1\ 1\ 0\ 1\ 0\ 1)$

以 7 位巴克码组（$+\ +\ +\ -\ -\ +\ -$）为例，求出它的自相关函数如下：

当 $j=0$ 时，$R(j) = \sum_{i=1}^{7} x_i^2 = 1+1+1+1+1+1+1 = 7$；

当 $j=1$ 时，$R(j) = \sum_{i=1}^{6} x_i x_{i+1} = 1+1-1+1-1-1 = 0$；

当 $j=2$ 时，$R(j) = \sum_{i=1}^{5} x_i x_{i+2} = 1-1-1-1+1 = -1$；

当 $j=3$ 时，$R(j) = \sum_{i=1}^{4} x_i x_{i+3} = -1-1+1+1 = 0$；

当 $j=4$ 时，$R(j) = \sum_{i=1}^{3} x_i x_{i+4} = -1+1-1 = -1$；

当 $j=5$ 时，$R(j) = \sum_{i=1}^{2} x_i x_{i+5} = 1-1 = 0$；

当 $j=6$ 时，$R(j) = \sum_{i=1}^{1} x_i x_{i+6} = -1$；

当 $j=7$ 时，$R(j) = \sum_{i=1}^{0} x_i x_{i+7} = 0$

另外，再求出 j 为负值时的自相关函数值，一起画在图 9-4-2 中。

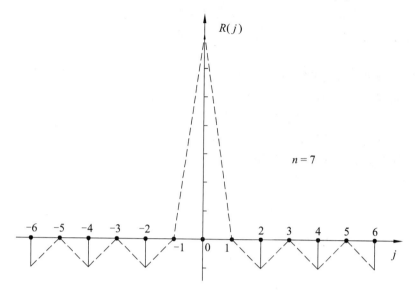

图 9-4-2　巴克码的局部自相关函数曲线

由图 9-4-2 可见，其自相关函数在 $j = 0$ 时出现尖锐的单峰。

2．巴克码识别器

巴克码识别器是比较容易实现的，这里仍以 7 位巴克码为例。用 7 级移位寄存器、相加器和判决器就可以组成一个巴克码识别器，具体结构如图 9-4-3 所示。

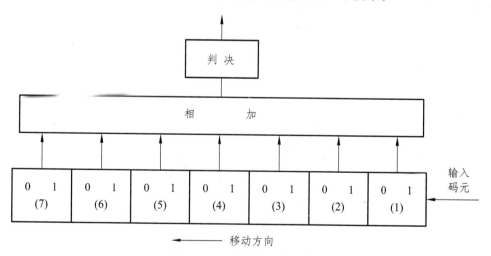

图 9-4-3　7 位巴克码识别器

7 级移位寄存器的"1"端和"0"端输出按照 1110010 的顺序连接到相加器，注意各级移位寄存器接到相加器处的位置，寄存器的输出有"1"端和"0"端，接法与巴克码的规律一致。当输入码元的"1"进入某移位寄存器时，该移位寄存器的"1"端输出电平为 + 1，"0"端输出电平为 – 1；反之，进入"0"码时，该移位寄存器的"0"端输出电平为 + 1，"1"端输出电平为 – 1。实际上，巴克码识别器是对输入的巴克码进行相关运算。当一帧信号到来时，首先进入识别器的是群同步码组,只有当7位巴克码在某一时刻正好全部进入7位寄存器时,7个移位寄存器输出端都输出+1,相加后的最大输出为+7,其余情况相加结果均小于+7。对于数字信息序列,几乎不可能出现与巴克码组相同的信息,故识别器的相加输出也只能小于+7。

若判决器的判决门限电平定为+6,那么就在7位巴克码的最后一位"0"进入识别器时,识别器输出一个同步脉冲表示一群的开头。一般情况下,信息码不会正好都使移位寄存器的输出为+1,因此实际上更容易判定巴克码全部进入移位寄存器的位置。

巴克码用于群同步是常见的,但并不是唯一的,只要具有良好特性的码组均可用于群同步。例如,对于我国和欧洲等国家采用PCM30/32路系统来说,帧同步主要采用的就是集中插入方式,但它插入的帧同步码是0011011。

9.4.3 间隔式插入法

1. 间隔式插入法的原理

集中式插入法插入的同步码是一个码组,要使同步可靠,同步码组要有一定的长度,这样就会使传输效率降低。间隔式插入则是每帧只插一位码作为同步码。例如,某PCM-24设备每帧有 $8 \times 24 = 192$ 个信息码元,在其后插一位帧同步码,如图9-4-4所示。帧同步码一帧插"1"码,下一个帧插"0"码,如此交替插入。由于每帧只插一位码,那么它与信息码元混淆的概率为 1/2,这样似乎无法识别同步码,但是这种插入方式在同步捕获时不是检测一帧两帧,而是连续检测数十帧,每帧都符合"1""0"交替的规律才确认同步。如检测10帧都正确,误同步概率则为 $1/2^{10} = 1/1\,024$,误同步概率很小。

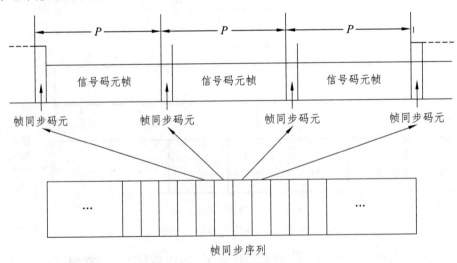

图 9-4-4 帧同步的分散插入

间隔式插入法的传输效率较高,但是同步捕获时间较长,较适合于连续发送信号的通信系统,若是断续发送信号,每次捕获同步需要较长时间,反而降低了效率。

2．滑动同步检测原理

间隔式插入常用滑动同步检测电路，其基本原理是接收电路开机时处于捕捉态，当收到第一个与同步码相同的码元时，先暂认为它就是帧同步码，按码同步周期检测下一帧相应位码元，若也符合插入的同步码规律，则再检测第三帧相应位码元，如果连续检测 M 帧（通常 M 为数十帧），每帧均符合同步码规律，则同步码已找到，电路进入同步状态。若在捕捉态接收到的某个码元不符合同步码规律，则码元滑动一位，仍按上述规律周期性地检测，看它是否符合同步码规律，一旦检测不符合，又滑动一位，反复进行下去。若一帧共有 N 个码元，则最多滑动（$N-1$）位，一定能把同步码找到。

9.5　网同步

当通信是在点对点之间进行时，完成了载波同步、位同步和群同步之后，就可以进行可靠的通信了。但现代通信往往需要在许多通信点之间实现相互连接，从而构成通信网。在一个通信网中，往往需要把各个方向传来的信息，按不同目的进行分路、合路和交换。为了保证数字通信网稳定可靠地进行通信和交换，必须调整各个方向送来的信码的速率和相位，使之步调一致，这种调整过程称为网同步。

数字同步网是电信网的三大支撑网（数字信令网、数字同步网和电信管理网）之一，它保证电信网中各个节点（如数字交换机）的同步运行。数字通信网的网同步方式可分为两种：准同步方式和同步方式。

9.5.1　准同步方式

准同步方式又称为独立时钟法。各个交换局均设立互相独立、互不牵扯的标称速率相同的高稳定度时钟，它们的频率并不完全相等，但十分接近，这就是准同步方式。由于它们的频率并不完全相同，因此经过时间上的积累可能导致信息丢失或增加假信息。如果各个信息的码元是互相独立表示信息的，这种码元的增加或丢失没有什么关系，无非是引入了一些噪声。但是对于多路信号来说，这种增加或丢失可能引起帧失步，从而造成信号分路、交换的混乱，产生不能容忍的大量信息丢失。因此，需要寻找一种方法，使信息不致损伤，或者损伤很小，不会导致信息混乱。实现这种方式的方法有两种：码速调整法和水库法。

1．码速调整法

准同步系统各站各自采用高稳定时钟，不受其他站的控制，它们之间的钟频允许有一定的容差。这样各站送来的信码流首先进行码速调整，使之变成相互同步的数码流，即对本来是异步的各种数码进行码速调整。

2．水库法

水库法不是依靠填充脉冲或扣除脉冲的方法来调整速率，而是依靠在通信网的各站都设置极高稳定度的时钟源和容量足够大的缓冲存储器，使得在很长的时间间隔内存储器不发生"取空"或"溢出"的现象。容量足够大的存储器就像水库一样，即很难将水抽干，也很难将水库灌满，因而可用作水流量的自然调节，故称为水库法。

水库法的连续稳定工作时间总是有限的，所以每隔一定时间间隔必须对同步系统校准一次。

9.5.2　同步方式

在同步系统中，各站的时钟彼此同步，各站的时钟频率和相位都保持一致。建立这种网同步的主要方法有主从同步法、相互同步法和分级的主从同步法，其示意图如图 9-5-1 所示。

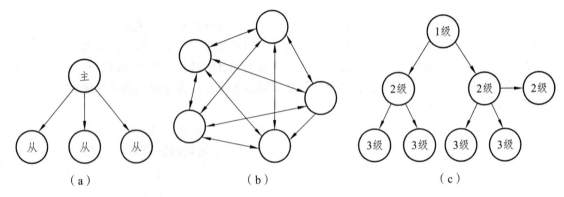

图 9-5-1　网同步法示意

1．主从同步法

网内中心局设有一个高稳定度的主时钟源，用它产生一个标准频率送到各交换局作为各局的时钟基准。各个交换局设有从时钟，它们同步于主时钟。用锁相环法使主时钟和从时钟之间的相位差保持不变或为零。图 9-5-1（a）所示为主从同步法示意图。这种方法简单、经济，缺点是过分依赖于主时钟，一旦主时钟发生故障，将使整个通信网的工作陷于瘫痪。

2．相互同步法

网内各交换局都有自己的时钟，并且相互连接。它们无主从之分，而是互相控制，互相影响。最后各个交换局的时钟锁定在所有输入时钟频率的平均值上，以同样的时钟频率工作。图 9-5-1（b）所示为互控同步法示意图。相互同步法的优点是网内任何一个交换局发生故障只停止本局工作，不影响其他部分的工作，从而提高了通信网工作的可靠性，其缺点是同步系统较为复杂。

3．分级的主从同步法

这是介于主从同步法和相互同步法之间的等级主从系统。它把网内各交换局分为不同等级，级别越高，振荡器的稳定度越高。图 9-5-1（c）所示为分级的主从同步法示意图。每个交换局只与附近的交换局有连线，在连线上互送时钟信号，并送出时钟信号的等级和转接次数。一个交换局收到附近各交换局来的时钟信号以后，选择一个等级最高、转接次数最少的信号去锁定本局振荡器，这样使全网最后以网内高等级的时钟为标准。一旦该时钟出故障，就以一级时钟为标准，不影响全网通信。分级的主从同步法克服了主从同步法和互相同步法的部分缺点。

上面简要介绍了数字通信网网同步的几种主要方式。目前，世界各国仍在继续研究网同步的方式，最终选用哪一种方式与许多因素有关。前面介绍的方式各有其优、缺点。随着数字通信的迅速发展，可以预见今后一定会有更加完善、性能更好的网同步方法出现。

本章小结

（1）同步是使通信系统中接收信号与发送信号保持正确的节拍，从而能正确地提取信息的一种重要技术。同步是通信系统不可缺少的部分。同步方法可以分为外同步和自同步两类。同步内容包括载波同步、位（码元）同步、帧（群）同步和网同步。

（2）载波同步的目的是使接收端产生的本地载波和接收信号的载波同频同相。实现载波同步的方法通常有插入导频法和直接法两种。

（3）位同步的目的是使接收到的每个码元都能得到最佳的解调和判决。实现位同步的方法与载波同步类似，也有插入导频法和直接法两种。

（4）帧同步的目的是能够正确地将接收码元分组，使接收信息能够被正确理解。实现帧同步的方法通常有起止式同步法、集中式插入法和分散式插入法。

（5）网同步的目的是解决通信网的时钟同步问题。网同步方式有准同步方式和同步方式两种。实现同步方式的方法有主从同步法、相互同步法和分级的主从同步法。

习　题

1. 同步的功能是什么？
2. 什么是外同步法和自同步法？
3. 什么是载波同步？为什么需要解决载波同步问题？
4. 简述位同步和帧同步的功能。有了位同步，为什么还要帧同步？
5. 在点到点的数字通信系统中，不需要的是哪种同步？
6. 什么是主从同步、相互同步和分级的主从同步方式？

第 10 章　差错控制编码

【本章导读】

- 差错控制编码的基本原理
- 信息码元、监督码元和校正子等基本概念
- 常用的简单差错控制码
- 线性分组码的特点
- 循环码的特点
- 卷积码的特点

10.1　引　言

在实际信道上传输数字信号时，由于信道传输特性不理想，以及加性噪声和人为干扰的影响，接收端所接收到的数字信号不可避免地会发生错误而引起误码。为了降低误码率、提高可靠性，常采用的方法有两种：一是降低数字信道本身引起的误码，如选择高质量的传输线路，改善信道的传输特性，增加信号的发射功率，选择有较强抗干扰能力的调制解调方案等；二是采用信道编码，在待发送的信息码元中按照一定的监督规律人为加入一些必要的监督码元，在接收端利用这些监督码元与信息码元之间的监督规律，发现和纠正差错，以提高信息码元传输的可靠性。在信道特性无法得到较好的改善时（例如，功率受限的信道不可能无限制提高发射功率），则必须采用信道编码。差错控制编码就是一种重要的信道编码技术。

10.2　差错控制编码的基本概念

10.2.1　差错控制编码的基本原理

差错控制编码的基本原理是：在发送端被传输的信息码元上附加一些冗余码元（监督码元），使监督码元与信息码元之间构成某种确定的制约关系，接收端通过判断这一监督关系是

否遭到破坏来断定接收码元的正确性，有的监督关系还给接收端纠正错误码元提供了信息，这样就可以很好地保证信息的可靠传输了。因此，差错控制编码的实质是通过增加冗余信息来检测或纠正差错，或者说，差错控制编码是通过牺牲有效性来换取可靠性。

在上述过程中，通常将由信息码元和监督码元构成的码元序列称为传输码组。发送端完成的任务称为差错控制编码。在接收端，根据信息码元与监督码元的监督关系，实现检错或纠错，输出原信息码元，完成这个任务的过程称为解码。研究各种编码和译码方法正是差错控制编码所要解决的问题。

差错控制编码的理论依据是 1948 年美国人香农提出的"信道编码定理"，该定理指出：对于一个给定的有扰信道，若信道容量为 C，只要发送端以低于 C 的码元速率 R_B 发送信息，则总存在着一种编码方式，使编码差错概率 P 随编码长度 n（称为码长）的增加按指数规律下降到任意小的值。虽然定理本身并没有给出具体的差错控制编码方法和纠错码的结构，但它从理论上为信道编码的发展指出了努力方向。后来经汉明（Hamming）等人的进一步发展，差错控制编码形成了一套较为完整的理论体系。

需要注意的是，在数字通信中，根据不同的目的，编码可分为信源编码和信道编码。信源编码是通过尽量减少信源的冗余度（即用尽可能少的比特数表示信源），来提高通信系统的有效性，如话音压缩编码、图像压缩编码等；信道编码是通过在待传输的信息码元上加入冗余信息的方式来达到差错控制的目的，从而提高通信系统的可靠性。因此，很多读者感到疑惑，似乎信道编码正好和信源编码是逆过程，信源编码减少信息冗余度，而信道编码又增加了冗余度，采用这两类编码究竟有何意义？事实是，这两种冗余度是截然不同的，信源编码减少的冗余度是由随机的、无规律的无用消息形成；而信道编码增加的冗余度是特定的、有规律的人为消息，使接收端在接收信息后可以利用它发现错误，进而纠正错误。

10.2.2 差错控制编码的分类

在差错控制理论中，可以从不同的角度对差错控制编码进行分类。

按照差错控制编码的不同功能，可以将其分为检错码和纠错码。检错码仅具备识别错误功能，而无纠正错码的功能，如简单的奇偶监督码、恒比码等；纠错码不仅具备识别错码功能，同时具备纠正错码功能，如线性分组码、循环码等。

按照信息码元和附加的监督码元之间的函数关系可分为线性码和非线性码。若信息码元与监督码元之间的关系为线性关系（所谓线性，是指信息位和监督位满足一组线性代数方程式），则称为线性码。反之，若两者不存在线性关系，则称为非线性码。

按照信息码元和监督码元之间的约束方式不同可分为分组码和卷积码。在分组码中，编码后的码元序列每 n 位为一组，其中 k 个是信息码元，r 个是监督码元（$r=n-k$）。监督码元仅与本码组的信息码元有关，而与其他码组的信息码元无关；卷积码则不然，虽然编码后序列也划分为码组，但监督码元不仅与本组信息码元有关，而且与前面码组的信息码元也有约束关系，就像链条那样一环扣一环，所以卷积码又称连环码或链码。

按照纠正错误的类型不同，可分为纠正随机错误的码和纠正突发错误的码。前者主要用于局部的、发生零星独立错误的信道；后者则用于对付大面积的突发错误为主的信道。

10.2.3　差错控制编码的基本方式

常用的差错控制编码方式有四种：自动请求重发（ARQ）、前向纠错（FEC）、混合纠错（HEC）和反馈检验（IRQ）。

1．自动请求重发

自动请求重发是计算机网络中较常采用的差错控制方法。其原理是：发送端将要发送的数据附加上一定的冗余检错码一并发送，接收端则根据检错码对数据进行差错检测，如果发现差错，则接收端返回请求重发的信息，发送端在收到请求重发的信息后，再重新发送一次数据，如果没有发现差错，则发送下一个数据。这种方法的优点是译码设备简单，对突发错误和信道干扰较严重的情况比较有效。缺点是需要反馈信道，实时性差。自动请求重发的原理如图 10-2-1 所示。

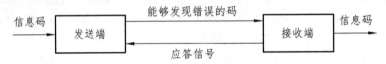

图 10-2-1　自动请求重发示意

自动请求重发方式又分为三种情况：停发等待重发、返回重发和选择重发。

1）停发等待重发

在这种方式中，不论接收端收到的信息是否正确，都需要接收端回发反馈信号，并且发送端只有收到接收端的确认信号，才会发送下一个信号。其原理如图 10-2-2 所示。其中 ACK 是确认信号，NAK 是否认信号。该方式的特点是系统简单，时延长。

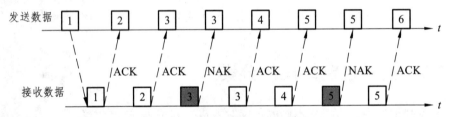

图 10-2-2　停发等待重发示意

2）返回重发

在这种方式中，发送端不需要接收到 ACK 确认信号后才发送下一个信号，而是不停地发送。当发送端收到接收端回发的 NAK 信号后，将重发错误码组以后的所有码组。该方式的特点是系统较为复杂，时延减小。其原理如图 10-2-3 所示。

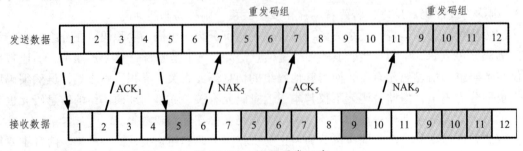

图 10-2-3　返回重发示意

3）选择重发

在这种方式中，发送端不停地发送信号，当发送端收到接收端回发的 NAK 信号后，将只重发错误码组。该方式的特点是系统复杂，时延最小。其原理如图 10-2-4 所示。

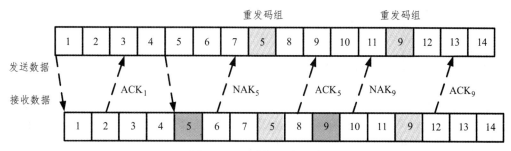

图 10-2-4　选择重发示意

2．前向纠错

前向纠错的原理：发送端将要发送的数据附加上一定的冗余纠错码一并发送，接收端则根据纠错码对数据进行差错检测，如果发现差错，由接收端进行纠正。这种检测方法的优点是使用纠错码和单向信道，发送端无须设置缓冲器。缺点是设备复杂、成本高。其原理如图 10-2-5 所示。

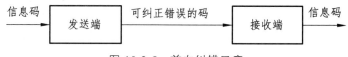

图 10-2-5　前向纠错示意

3．混合纠错

混合纠错方式是 FEC 和 ARQ 方式的结合，其原理是：发送端发送具有检错和纠错能力的码，接收端收到该码后，首先检查差错情况。如果错误发生在该码的纠错能力范围内，则自动进行纠错，如果超过了该码的纠错能力，但能检测出来，则经过反馈信道请求发送端重发。混合纠错方式在实时性和译码复杂性方面是前向纠错和检错重发方式的折中，可达到较低的误码率，较适合于环路延迟大的高速数据传输系统。其原理如图 10-2-6 所示。

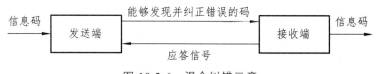

图 10-2-6　混合纠错示意

4．反馈检验

反馈检验的原理：接收端将收到的信息原封不动地回送给发送端，发送端将此回送的信码与原发送的信码进行比较。如果发现错误，则发送端再重新发送一次。这种检验方式需要双向信道，设备简单，可以纠正任何错误，但缺点是会引入较大的时延。其原理如图 10-2-7 所示。

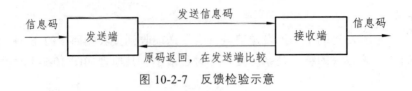

图 10-2-7　反馈检验示意

10.2.4　最小码距与检错/纠错的关系

前面已经提到，信道编码的基本思想是在被传送的信息码元中附加一些监督码元，在两者之间建立某种校验关系，当这种校验关系因传输错误而受到破坏时，可以被发现并予以纠正。下面我们通过一个例子进一步说明检错/纠错的原理，以及最小码距与检错/纠错的关系。

若传送"晴"和"雨"两种天气信息，则只需一位数字编码就可以表示（假设"1"表示"晴"，"0"表示"雨"）。当传输代表"晴"的码组"1"时，由于受到信道干扰，在接收端收到的却是码组"0"，这种情况下接收端是无法发现这一差错的。因为码组"1"和"0"都是许用码组(一般把按照规则允许使用的码组称为许用码组，不符合规则的码组称为禁用码组)，所以接收端收到码组"0"就认为发送端传输的是"雨"的天气。但是，如果发送端分别用两位编码来表示"晴"和"雨"时，情况则不一样。比如用"11"表示"晴"，用"00"表示"雨"，当传输代表"晴"的码组"11"时，由于受到信道干扰，发生了一位误码，在接收端收到的码组为"10"，此时接收端就能判断收到的信息有误，因为码组"10"属于禁用码组，但却不能纠正，因为许用码组"11"和"00"错一位后都可以变成"10"。如果采用三位编码，用"111"表示"晴"，用"000"表示"雨"，当传输代表"晴"的码组"111"时，由于受到信道干扰发生了一位误码，在接收端收到的码组为"110"，此时接收端不但能够判断错码，而且还能进行纠错，因为码组"110"属于禁用码组，所以能够检错，又因为"110"是许用码组错一位得到的，故发送端发送的一定是码组"111"。

在上述例子中，把传输码组中"1"的数目称为码组的重量，简称码重，把两个传输码组对应位上数字不同的位数称为码组距离，简称码距（也称汉明距离）。例如，传输码组 1011 的码重为 3，传输码组 1011 和 1111 的码距为 1。在某种编码方式中，各个码组间距离的最小值称为最小码距 d_0。

一种编码方式中的最小码距 d_0 的大小将直接关系到该传输码组的检错和纠错能力。具体关系如下。

（1）为了检测 e 个随机错误，则要求码组的最小码距 $d_0 \geqslant e+1$。

（2）为了纠正 t 个随机错误，则要求码组的最小码距 $d_0 \geqslant 2t+1$。

（3）为了纠正 t 个随机错码，同时检测 e 个随机错误，则要求码组的最小码距 $d_0 \geqslant e+t+1$（$e \geqslant t$）。

10.2.5　编码效率

由差错控制编码的原理可知，监督码元的引入势必导致通信的有效性降低，这就涉及编码效率的问题。编码效率是指信息码元数与码长之比，也称为码率，通常用 η 来表示。

例如，要传送 k 位信息码元，经过编码后得到码长为 n 的码组，监督码元的位数 $r = n - k$，则编码效率为

$$\eta = \frac{k}{n} = \frac{n-r}{n} = 1 - \frac{r}{n}$$

10.3　几种简单的差错控制码

在介绍差错控制码之前，先列出几种简单的差错控制码，对以后理解纠错码原理可以有所启发。

10.3.1　奇偶校验码

在二进制数据的传输中，发生差错就是码元由"1"变为"0"或者由"0"变为"1"，这样使码组中的"1"码的个数发生变化。如果在码组中增加一位码元，使码组中"1"的个数为偶数（或奇数）。在传输过程发生奇数个差错时，则破坏了偶数（或奇数）个"1"码的规则。

奇偶校验码的编码规则是：首先将所要传送的信息分组，然后在每个码组的信息码元后面附加一个校验码元，使得该码组中码元"1"的个数为奇数（奇校验）或偶数（偶校验）。

偶校验是使每个码组中"1"的个数为偶数，其校验方程为

$$a_{n-1} \oplus a_{n-2} \oplus a_{n-3} \oplus \cdots \oplus a_0 = 0 \qquad (10\text{-}3\text{-}1)$$

其中 a_0 为增加的校验位，其他位为信息位。

同样奇校验码组中"1"的个数为奇数，其校验方程为

$$a_{n-1} \oplus a_{n-2} \oplus a_{n-3} \oplus \cdots \oplus a_0 = 1 \qquad (10\text{-}3\text{-}2)$$

其中 a_0 也为增加的校验位，其他位为信息位。

奇偶校验只能检出码字中任意奇数个差错，对于偶数个差错则无法检测，因此它的检测能力不强。但是它的编码效率很高，实现起来容易，因而被广泛采用。国际标准化组织（ISO）规定，对于串行异步传输系统采用偶校验方式，串行同步传输系统采用奇校验方式。

为了提高奇偶校验码的检错/纠错能力，在实际的数据传输中，奇偶校验又分为垂直奇偶校验、水平奇偶校验和垂直水平奇偶校验。在此不再赘述，感兴趣的读者可查阅相关资料。

2．群计数码

在群计数码中，监督码元附加在信息码元之后，每一个监督码元在数值上表示其对应的信息码元中"1"的个数。例如，信息码元为 101101，其中信息码元中"1"的个数为 4，转变成二进制为"100"，则监督码元就为"100"，传输码组为"101101100"。

群计数码的特点是检错能力很强,除非传输码组中发生 1 变成 0 和 0 变成 1 的成对错误,其他所有形式的错码都能检测出来。

3．恒比码

在恒比码中，每个传输码组均包含相同数目的"1"和"0"，即"1"的数目和"0"的数目的比值是恒定的。接收端只要计算"1"的数目是否正确就可以检测错码。

恒比码主要应用在类似于电传通信的系统中。例如，我国邮电部门广泛采用的五单位数字保护电码就是一种五中取三的恒比码，如表 10-3-1 所示。

表 10-3-1　五中取三的恒比码

数 字	电 码	数 字	电 码
0	01101	5	00111
1	01011	6	10101
2	11001	7	11100
3	10110	8	01110
4	11010	9	10011

4．正反码

在正反码中，信息码元与监督码元的位数是相同的，根据信息码元中"1"的数目的不同，监督码元与信息码元完全相同或者完全相反。

例如，电报码中的正反码码长为 10，信息位为 5，监督位也为 5。编码规则是：当信息位中"1"的个数为奇数时，监督码元是信息码元的简单重复。当信息位中"1"的个数为偶数时，监督码元是信息码元的反码。比如信息码元为 10101，"1"为奇数个，则传输码组为 1010110101；信息码元为 11011，"1"为偶数个，则传输码组为 1101100100。

10.4　线性分组码

前面已经谈到，分组码是对信息码元按固定长度分段，每 k 个信息码元为一段，然后由这 k 个信息码按照一定的规律产生 r 个监督码元，从而组成码长为 $n=k+r$ 的码组，也称（n，k）分组码。在分组码中，如果信息码元与监督码元之间的关系又为线性关系时，则这种分组码就称为线性分组码。

前面介绍的奇偶校验码就是一种最简单的线性分组码，如采用偶校验，我们可以将方程（10-3-1）改写为

$$S = a_{n-1} \oplus a_{n-2} \oplus a_{n-3} \oplus \cdots \oplus a_0 \qquad (10\text{-}4\text{-}1)$$

式（10-4-1）称为监督关系式，S 称为校正子。在接收端解码时，实际上就是计算 S 的值。当 $S=0$ 时，认为该码组无错码；$S=1$ 时，认为该码组有错码。

由于只有一位监督码元，一个监督关系式，S 只有"1"和"0"两种取值，因此只能表示"有错"和"无错"两种信息，而不能指出错误的位置。如果增加一位监督位，就可以组成两个监督关系式，有两个校正子 S_1 和 S_2，有 00、01、10、11 共 4 种组合，就可以表示 4 种信息。除 00 表示无错外，其余 3 个信息就可以表示 3 种不同的错码信息。

一般来说，若有 r 位监督码元，就可以构成 r 个监督关系式，计算得到的校正子就有 r 位，可以用来指出 2^r-1 种不同的错误信息。当只有一位误码时，就可以指出 2^r-1 个错码位置。

若码长为 n，信息位数为 k，则监督位数 $r=n-k$。如果希望用 r 个监督位构造出 r 个监督关系式来纠正一位或一位以上错误的线性码，则必要求

$$2^r-1 \geqslant n \quad 或 \quad 2^r \geqslant k+r+1 \tag{10-4-2}$$

特别的，$2^r-1=n$ 的线性分组码称为汉明码。下面通过一个例子来说明汉明码是构建监督关系式及差错控制编码的过程。

设分组码（n，k）中 $k=4$。为了纠正 1 位错码，由式（10-4-2）可知，要求监督位数 $r \geqslant 3$。若取 $r=3$，则 $n=k+r=7$。用 $a_6 a_5 \cdots a_0$ 表示这 7 个码元，用 S_1、S_2、S_3 表示 3 个监督关系式中的校正子，则 S_1、S_2、S_3 的值与错码位置的对应关系可以规定如表 10-4-1（当然，也可以规定成另一种对应关系，这不影响讨论的一般性）所示。

表 10-4-1 （7，4）码校正子与误码位置

$S_1 S_2 S_3$	错码位置	$S_1 S_2 S_3$	错码位置
001	a_0	101	a_4
010	a_1	110	a_5
100	a_2	111	a_6
011	a_3	000	无错码

由表中规定可见，仅当错码位置在 a_2、a_4、a_5 或 a_6 时，校正子 S_1 为 1；否则 S_1 为 0。这就意味着 a_2、a_4、a_5 和 a_6 这 4 个码元构成偶数监督关系：

$$S_1 = a_6 \oplus a_5 \oplus a_4 \oplus a_2 \tag{10-4-3}$$

同理，a_1、a_3、a_5 和 a_6 构成偶数监督关系：

$$S_2 = a_6 \oplus a_5 \oplus a_3 \oplus a_1 \tag{10-4-4}$$

a_0、a_3、a_4 和 a_6 构成偶数监督关系：

$$S_3 = a_6 \oplus a_4 \oplus a_3 \oplus a_0 \tag{10-4-5}$$

在发送端编码时，信息位 $a_6 a_5 a_4 a_3$ 的值决定于输入信号，因此是随机的。监督位 $a_2 a_1 a_0$ 应根据信息位的取值按监督关系来确定，即监督位应使上式中 S_1、S_2 和 S_3 的值为零（表示编成的码组中应无错码）。即

$$\begin{cases} a_6+a_5+a_4+a_2=0 \\ a_6+a_5+a_3+a_1=0 \\ a_6+a_4+a_3+a_0=0 \end{cases} \tag{10-4-6}$$

式（10-4-6）中已经将"⊕"简写成"+"，经移项运算，解出监督位为

$$\begin{cases} a_2 = a_6 + a_5 + a_4 \\ a_1 = a_6 + a_5 + a_3 \\ a_0 = a_6 + a_4 + a_3 \end{cases} \qquad (10\text{-}4\text{-}7)$$

由式（10-4-7）可得表 10-4-2 所示的 16 个许用码组。

表 10-4-2 （7，4）码校正子与误码位置

信息位 $a_6\ a_5\ a_4\ a_3$	监督位 $a_2\ a_1\ a_0$	信息位 $a_6\ a_5\ a_4\ a_3$	监督位 $a_2\ a_1\ a_0$
0000	000	0100	110
0001	011	0101	101
0010	101	0110	011
0011	110	0111	000
1000	111	1100	001
1001	100	1101	010
1010	010	1110	100
1011	001	1111	111

接收端在收到每个传输码组后，计算出 $S_1\ S_2\ S_3$ 的值，如果该值不全为 0，说明有误码产生，将予以纠正。例如，接收码组为 0000011，可算出 $S_1\ S_2\ S_3$=011，由表 10-4-2 可知，在 a_3 位置上有一误码。

不难看出，上述（7，4）汉明码的最小码距 d_0=3，因此，它能纠正一个误码或检测两个误码。另外，当 n 很大和 r 很小时，汉明码的码率接近 1。可见，汉明码是一种高效码。

线性分组码是建立在代数群论基础之上的，各许用码组的集合构成了代数中的群，它们的主要性质如下。

（1）任意两许用码之和（对于二进制码这个和的含义是模 2 和）仍为一许用码，也就是说，线性分组码具有封闭性。

（2）码组间的最小码距等于非零码的最小码重。

10.5　循环码

除了汉明码，循环码也是线性分组码的一个重要的子类。它具有两大特点：一是码的结构可以用代数方法来构造和分析，并且可以找到各种实用的译码方法；二是具有循环特性，编码运算和校正子计算可用反馈移位寄存器来实现，硬件实现简单，其编码、译码、检测和纠错已由集成电路产品实现，是目前通信传送系统和磁介质存储器中广泛采用的一种编码。

10.5.1　循环码的码多项式

循环码除具有线性分组码的封闭性之外，还具有独特的循环性。所谓循环性是指任一许用码组经过循环移位后所得到的码组仍为许用码组。若 $C=[c_1,c_2,\cdots,c_n]$ 是一个循环码组，一次循环移位得到 $C^{(1)}=[c_2,\cdots,c_n,c_1]$ 还是许用码组，移位 i 次得到 $C^{(i)}=[c_{i+1},c_{i+2},\cdots,c_n,c_1,\cdots,c_i]$ 还是许用码组。不论右移或左移，移位位数多少，其结果均为许用码组。表 10-5-1 给出了（7，3）循环码的全部许用码组。

表 10-5-1　（7，3）循环码的全部码组

码组编号	信息位 $a_6\ a_5\ a_4$	监督位 $a_3\ a_2\ a_1\ a_0$	码组编号	信息位 $a_6\ a_5\ a_4$	监督位 $a_3\ a_2\ a_1\ a_0$
1	000	0000	5	100	1011
2	001	0111	6	101	1100
3	010	1110	7	110	0101
4	011	1001	8	111	0010

为了利用代数理论研究循环码，可以将码组用代数多项式来描述，这个多项式称为码多项式。例如，对于循环码 $C=(a_{n-1}\ a_{n-2}\ \cdots\ a_1\ a_0)$，可将它的码多项式写为

$$C(x)=a_{n-1}x^{n-1}+a_{n-2}x^{n-2}+\cdots+a_1x+a_0 \tag{10-5-1}$$

对于二进制码组，多项式的每个系数不是"1"就是"0"，x 仅是码元位置的标记。因此，这里并不关心 x 的取值。例如，码组（1110100）的码多项式表示为

$$T(x)=x^6+x^5+x^4+x^2$$

10.5.2　码多项式的模运算

在整数运算中，有模 n 运算。例如，在模 2 运算中，有 $1+1=2=0$（模 2），$1+2=3=1$（模 2），$2\times3=6=0$（模 2）等。因此，若一个整数 m 可以表示为

$$\frac{m}{n}=Q+\frac{p}{n},\quad p<n \tag{10-5-2}$$

式中，Q 为整数，则整数 m 做模 n 运算的结果为

$$m\ \mathrm{mod}\ n=p \tag{10-5-3}$$

也就是说，在模 n 运算下，整数 m 做模 n 运算后，所得结果等于其被 n 除的余数。

在码多项式运算中也有类似的按模运算法则。若任意一个码多项式 $F(x)$ 被一个 n 次多项式 $N(x)$ 除，得到商式 $Q(x)$ 和一个次数小于 n 的余式 $R(x)$，即

$$F(x)=N(x)\,Q(x)\ +\ R(x) \tag{10-5-4}$$

则在模 $N(x)$ 运算下，有

$$F(x) \bmod N(x) = R(x) \qquad\qquad （10-5-5）$$

有了上述码多项式的模运算规则，就可以很方便地表示一个移位后的码多项式。可以证明：码长为 n 的码多项式 $T(x)$ 和经过 i 次左移位后所得到的码多项式 $T^{(i)}(x)$ 的关系为

$$T^{(i)}(x) = x^i T(x) \bmod (x^n + 1) \qquad\qquad （10-5-6）$$

例如，表 10-5-1 中，（7，3）循环码的一个码组为（1100101），用码多项式表示为

$$T(x) = x^6 + x^5 + x^2 + 1$$

经过 3 次移位后所得到的码多项式 $T^{(3)}(x)$ 可用下式来求：

$$\begin{aligned}
T^{(3)}(x) &= x^3 T(x) x \bmod (x^7 + 1) \\
&= \frac{x^3(x^6 + x^5 + x^2 + 1)}{x^7 + 1} \\
&= x^2 + x + \frac{x^5 + x^3 + x^2 + x}{x^7 + 1}
\end{aligned}$$

其对应的码组为（0101110），仍为表 10-5-1 中（7，3）循环码的一个许用码组。

10.6 卷积码

卷积码又称为连环码，是 1955 年由麻省理工学院的伊利亚斯（P. Elias）提出的一种纠错码，因数据与二进制多项式滑动相关，故称卷积码。与前面讨论的汉明码和循环码不同，卷积码是一种非分组码。由于卷积码在编码过程中充分利用了各码组之间的相关性，其性能要优于分组码，而且实现简单，因此在通信系统中应用广泛，如 IS-95、TD-SCDMA、WCDMA、IEEE 802.11 及卫星等系统中均使用了卷积码。

在分组码中，编码器把 k 个信息码元编成长度为 n 位的码字，每个码字的 r（$r = n - k$）个监督码元仅与本码字的 k 个信息码元有关，而与其他码字的信息码元无关。卷积码则不同，它虽然也是把 k 个信息码元编成长度为 n 的码组，但是监督码元不仅与当前码组的 k 个信息码元有监督作用，同时还与前面 $L-1$ 个码组中的信息码元有监督关系，即一个码组中的监督码元监督着 L 个码组中的信息码元。通常将 L 称为约束长度（也称记忆深度），其单位为组。因此，卷积码常用（n，k，L）来表示。

10.6.1 卷积码的编码原理

卷积码是通过卷积码编码器来实现的。卷积码编码器的一般结构如图 10-6-1 所示，它包括一个 L 段的输入移位寄存器，每段有 k 级，共 Lk 级寄存器；一组 n 个模 2 加法器；一个由 n 级组成的输出移位寄存器，对应于每段 k 级的输入序列，输出 n 位。

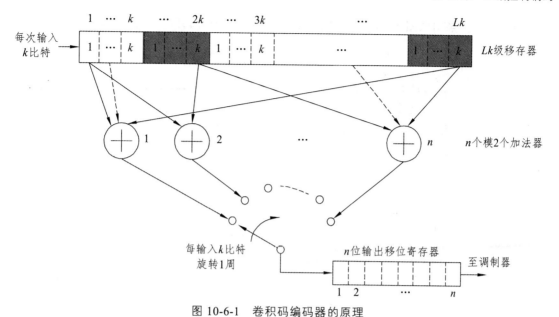

图 10-6-1　卷积码编码器的原理

　　下面用一个简单例子来说明卷积码的编码原理。图 10-6-2 所示的电路是一个简单的 $(2,1,3)$ 卷积码的编码器，它由有两个触点的转换开关和一组 3 位移位寄存器 m_1 m_2 m_3 及模 2 相加电路组成。编码前各移位寄存器清零，信息码元按顺序 $a_1a_2\cdots a_j\cdots$ 依次输入到编码器。每输入一个信息码元 a_j，开关依次接到每一个触点各一次，编码器每输入一个信息码元，经该编码器后产生 2 个输出比特。

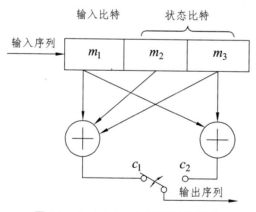

图 10-6-2　$(2,1,3)$ 卷积码编码器

　　假设该移位寄存器的起始状态全为零，编码器的输出比特 c_1、c_2 表示为

$$c_1 = m_1 + m_2 + m_3$$

$$c_2 = m_1 + m_3$$

其中，m_1 表示当前的输入比特，而 m_3 m_2 表示存储的以前的信息。当第一个输入比特为 1 时，即 $m_1=1$，因 m_3 $m_2=00$，所以输出 $c_1 c_2=11$，这时 $m_1=1$，m_3 $m_2=01$，$c_1 c_2=01$，依此类推。为保证输入的信息[11010]都能通过移位寄存器，还必须在输入信息位后添加 3 个 0。为了说明

通信原理

编码器的状态，采用如图 10-6-3 所示的图解方式给出整个编码器的工作过程。

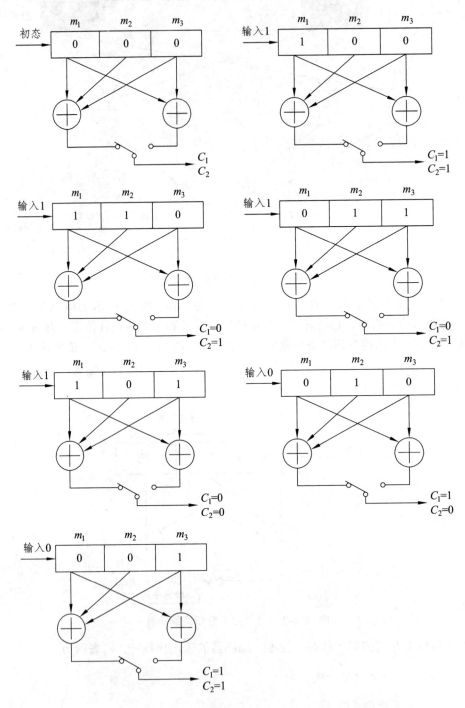

图 10-6-3 （2, 1, 3）卷积码编码的过程（输入自上而下为 110100）

将上述编码过程列成表格形式，如表 10-6-1 所示列出了它的状态变化过程（也可以用树状图的形式来描述）。

表 10-6-1　（2，1，3）卷积码编码器的状态变化表

m_1	1	1	0	1	0	0	0	0
$m_3\ m_2$	00	01	11	10	01	10	00	00
$c_1\ c_2$	11	01	01	00	10	11	00	00
状态表示	a	b	d	c	b	c	a	a

由表 10-6-1 可以看出：输入序列[11010]经过（2，1，3）卷积码编码器，输出序列为 [1101010010110000]，即表 10-6-1 的第 3 行。

10.6.2　卷积码的译码

卷积码译码可以分为代数逻辑译码和概率译码。代数逻辑译码是利用生成多项式来译码。概率译码比较实用的有两种：维特比译码和序列译码。目前，概率译码已成为卷积码最主要的译码方法。

1．维特比译码

维特比译码主要应用在卫星通信和蜂窝网通信系统中，这种译码方法比较简单、计算快，故得到广泛应用。其基本方法是将接收到的信号序列和所有可能的发送信号序列做比较，选择其中汉明距离最小的序列认为是当前发送信号序列。若发送一个 k 位序列，则有 2^k 种可能的发送序列。计算机需事先存储这些序列，以便用作比较。当 k 较大时存储量会很大，使实用受到限制。

2．序列译码

当 m 很大时，可以采用序列译码法。其过程为：译码先从码树的起始节点开始，把接收到的第一个子码的 n 个码元与自始节点山发的两条分支按照最小汉明距离进行比较，沿着差异最小的分支走向第二个节点。在第二个节点上，译码器仍以同样原理到达下一个节点，依此类推，最后得到一条路径。若接收码组有错，则自某节点开始，译码器就一直在不正确的路径中行进，译码也一直错误。因此，译码器有一个门限值，当接收码元与译码器所走的路径上的码元之间的差异总数超过门限值时，译码器判定有错，并且返回试走另一分支。经数次返回找出一条正确的路径，最后译码输出。

本章小结

（1）差错控制编码是将具有良好结构的冗余信息人为地重新注入信源信号中。在接收端根据编码规则通过信道译码来检验错误或纠正错误。差错控制编码的目的是提高系统的可靠性，这是通过牺牲有效性换来的。

（2）差错控制的基本方式有自动请求重发（ARQ）、前向纠错（FEC）、混合纠错（HEC）和反馈检验（IRQ）四种。

（3）在传输的许用码组中，码距和码重是两个重要指标。码组间的最小码距与码组的检错和纠错能力密切相关。

（4）线性分组码是由 $r=n-k$ 个监督码元对 k 位信息码元实现监督，构成码字长为 n 的码组。

（5）循环码是具有循环性质的一类分组码。由于它的编译码器可由具有反馈的移位寄存器实现，故在差错控制编码中广泛运用。

（6）卷积码是一类非分组码，卷积码中监督码元不仅和当前的 k 位信息码元有关，而且还同前面 $L-1$ 个信息段有关，所以它监督着 L 个信息段，通常将 L 称为卷积码的约束长度。卷积码有多种解码方法，以维特比解码算法应用最为广泛。

习　题

1. 差错控制编码的原理和理论依据是什么？

2. 信源编码与信道编码有什么不同？

3. 差错控制编码的基本方式是什么？

4. 码组间最小码距与其检错和纠错能力有什么关系？

5. 已知两码组为（00000）、（11111）。若该码集合用于检错，能检出几位错码？若用于纠错，能纠正几位错码？若同时用于检错与纠错，各能纠、检几位错码？

6. 卷积码和分组码之间有何异同点？

实训操作

实训 1　基于 MATLAB 的信号时域仿真及运算

【实训目的】

（1）掌握用"plot"指令绘制连续时间信号的方法。

（2）掌握用"stem"指令绘制离散时间信号的方法。

（3）掌握信号运算的常用指令。

【仿真原理】

从信息传输的角度来看，通信的过程就是信号传输与交换的过程，而从数学的角度来看，信号从一地传送到另一地的整个过程或者各个环节不外乎是 些码型或信号波形变换的过程。例如，信源压缩编码、纠错编码、AMI 编码、扰码等属于码型层次上的变换，而基带成形、滤波、调制等则是信号波形层次上的处理。码型的变换是易于用软件来仿真的。要仿真信号波形的变换，必须解决信号波形在软件中表示的问题。

一般来说，任意信号 $s(t)$ 是定义在时间区间 $(-\infty, +\infty)$ 上的连续函数，但所有计算机的 CPU（中央处理器）都只能按指令周期离散运行，同时计算机也不能处理 $(-\infty, +\infty)$ 这样一个时间段。即计算机处理信号是离散运行、在有限域内。

对以上问题的解决方法：把 $s(t)$ 按区间 $\left[-\dfrac{T}{2}, \dfrac{T}{2}\right]$ 截短为 $s_{\mathrm{T}}(t)$，再对 $s_{\mathrm{T}}(t)$ 按时间间隔 Δt 均匀取样，得到 $\dfrac{T}{\Delta t}$ 个样值。仿真时我们用这个样值集合来表示信号 $s(t)$。

在 MATLAB 中，信号有向量表示法和符号运算表示法两种。下面以连续时间信号为例重点介绍向量表示法的使用。

【信号的 MATLAB 仿真】

1. 连续时间信号的 MATLAB 仿真

对于连续时间信号 $f(t)$，可以定义两个行向量 f 和 t 来表示，其中向量 t 是形如 "$t = t_1 : p : t_2$" 的 MATLAB 命令定义的时间范围向量，t_1 为信号起始时间，t_2 为终止时间，p 为时间间隔（取样间隔）。向量 f 为连续时间信号 $f(t)$ 在向量 t 所定义的时间点上的样值。

例如，对于连续时间信号 $f(t) = Sa(t) = \dfrac{\sin(t)}{t}$，可以将它表示成行向量形式，同时用绘图命令 "plot" 函数绘制其波形。其程序如下。

```
t=-10:1.5:10;        %定义时间 t 的取值范围：-10~10，取样间隔为 1.5
                     %很明显，t 是一个维数为 14 的行向量
f=sin(t)./t;         %定义信号表达式，求出对应采样点上的样值
                     %同时生成与向量 t 维数相同的行向量 f
                     %必须用点除符号，以表示是两个函数对应点上的值相除
```

命令执行结果为

```
t =
Columns 1 through 7
    -10.0000    -8.5000    -7.0000    -5.5000    -4.0000    -2.5000    -1.0000
Columns 8 through 14
     0.5000     2.0000     3.5000     5.0000     6.5000     8.0000     9.5000
f =
    Columns 1 through7
    -0.0544     0.0939     0.0939    -0.1283    -0.1892     0.2394     0.8415
Columns 8 through 14
     0.9589     0.4546    -0.1002    -0.1918     0.0331     0.1237    -0.0079
     plot(t,f);      %以 t 为横坐标，f 为纵坐标绘制波形
```

命令运行结果如图 11-1-1 所示。

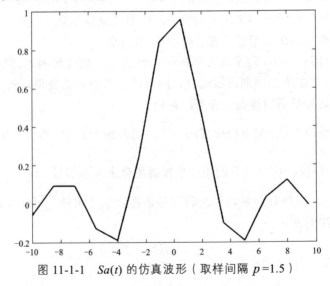

图 11-1-1　$Sa(t)$ 的仿真波形（取样间隔 $p = 1.5$）

从图 11-1-1 不难看出，$Sa(t)$ 信号通过 13 条折线来描述，与平时看到的连续时间信号有较大出入，这是因为在使用 "plot" 命令时，MATLAB 会分别计算对应点上的函数值，然后将各个数据点通过折线连接起来绘制图形。因此，严格说来，MATLAB 不能表示连续信号，绘制的只是近似波形，其精度取决于取样间隔 p 的大小，取样间隔越小，近似程度越高，曲线越平滑。例如，当取样间隔 p=0.01 时的波形如图 11-1-2 所示，与图 11-1-1 相比较就平滑很多。

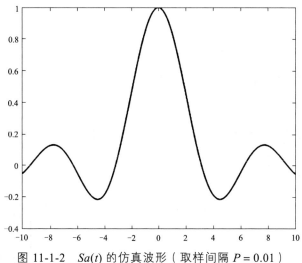

图 11-1-2　$Sa(t)$ 的仿真波形（取样间隔 P = 0.01）

当需要对横坐标和纵坐标增加注释和参数信息时可以采用下面 3 条指令。

```
title('f(t)=Sa(t)');          %
xlabel('t');                  %
axis([-12,15,-0.5,1.2]);      %
```

命令运行结果如图 11-1-3 所示。

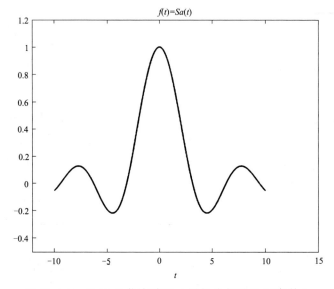

图 11-1-3　$Sa(t)$ 的仿真波形（增加坐标注释和参数）

2．离散时间信号的 MATLAB 仿真

"plot"用于连续时间信号的仿真，离散时间信号的仿真常用"stem"命令来实现。例如，若仿真离散时间信号 $x[n]=\sin(0.2\pi n)$，其 MATLAB 程序如下。

```
clear,clc,close all;
n = -10:10;
x = sin(0.2*pi*n);
stem (n,x) ;
```

命令运行结果如图 11-1-4 所示。

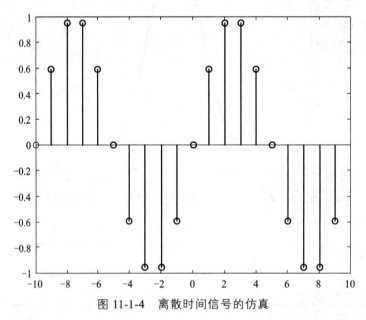

图 11-1-4　离散时间信号的仿真

【信号的运算】

信号运算主要包括：信号的移位（时移或延时）、反褶、尺度倍乘、加乘等运算。

1．移位运算

对于连续信号 $f(t)$，将 t 更换为 $t+t_0$，则 $f(t+t_0)$ 相当于 $f(t)$ 在时间轴上整体移动，当 $t_0>0$ 时左移，当 $t_0<0$ 时右移。可用下面的命令实现连续时间信号的移位及其结果可视化，其中 f 是用符号表达式表示的连续时间信号，t 是符号变量，"subs"命令则将连续时间信号中的时间变量 t 用 $t-t_0$ 替换。

```
y=subs(f,t-t0);
```

2．反褶运算

信号反褶表示将 $f(t)$ 的自变量 t 更换为 $-t$，此时 $f(-t)$ 的波形相当于将 $f(t)$ 以 $t=0$ 为轴反褶过来。可用下面的命令实现连续时间信号的反褶及其结果可视化，其中 f 是用符号表达式表示的连续时间信号，t是符号变量，"subs"命令则将连续时间信号中的时间变量t用$-t$替换。

```
y=subs(f,-t);
```

3．尺度倍乘

连续时间信号的尺度倍乘，是指将信号的横坐标进行扩展或压缩，即将信号$f(t)$的自变量t更换为at，当$a>1$时，信号$f(at)$以原点为基准，沿时间轴压缩到原来的$1/a$；当$0<a<1$时，信号$f(at)$沿时间轴扩展至原来的$1/a$倍。可用下面的命令实现连续时间信号的尺度倍乘及其结果可视化，其中f是用符号表达式表示的连续时间信号，t是符号变量，subs命令则将连续时间信号中的时间变量t用$a*t$替换。

```
y=subs(f,a*t);
```

4．信号相加

连续信号的相加，是指两信号的对应时刻值相加，即$f(t)=f_1(t)+f_2(t)$，可用下面的命令实现两信号相加及其可视化，其中$f1$、$f2$是两个用符号表达式表示的连续信号，s为相加得到的和信号的符号表达式。

```
s=symadd(f1,f2); %或 s=f1+f2;
```

5．信号相乘

连续信号的相乘，是指两信号的对应时刻值相乘，即$f(t)=f_1(t)*f_2(t)$，可用下面的命令实现两信号相乘及其可视化，其中$f1$、$f2$是两个用符号表达式表示的连续信号，w为相乘得到的积信号的符号表达式。

```
w=symmul(f1,f2); %或 w=f1*f2;
```

实训 2 基于 MATLAB 的信号频域仿真及运算

【实训目的】

（1）掌握使用"fft"指令计算信号频谱的方法。
（2）掌握"abs""real""imag""angle""rad2deg"等指令的使用方法。
（3）掌握频谱分布范围和频谱分辨率的计算方法。

【信号频谱计算】

请对以下信号进行 FFT 计算，并解读 FFT 的运算结果。其中，f_1=35 Hz，f_2=213 Hz，分别为两个正弦信号的频率。信号采集的频率 F_s=1 000 Hz，采集的数据点个数 N=2 000。

$$y = 1.7 + 2.3\cos\left(2\pi f_1 t + \frac{\pi}{4}\right) + 6\cos\left(2 f_2 t + \frac{\pi}{3}\right)$$

```
clear;clc;close all        % 初始化
                           % clear 清除工作空间的所有变量
                           % clc 清除命令窗口的内容
                           % close all 关闭所有的 Figure 窗口
Fs=1000;                   % 采集频率
T=1/Fs;                    % 采集时间间隔
N=2000;                    % 采集信号的长度
f1=33;                     % 第一个余弦信号的频率
f2=200;                    % 第二个余弦信号的频率
t=(0:1:N-1)*T;             % 定义整个采集时间点
t=t';                      % 转置成列向量
y=1.7+2.3*cos(2*pi*f1*t+pi/4)+5*cos(2*pi*f2*t+pi/3);        % 时域信号
                           % 绘制时域信号（见图 11-2-1）
figure
plot(t,y)
xlabel('时间')
ylabel('信号值')
title('时域信号')
```

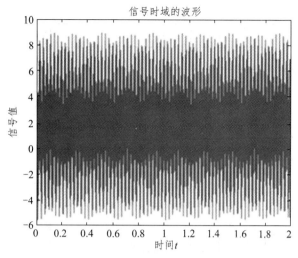

图 11-2-1 信号时域的波形

% FFT 变换（图 11-2-2）

Y=fft(y);   % Y 为 FFT 变换的结果，为复数向量

A=abs(Y);   % 复数的幅值（模）

	Y ✕		Y ✕
	2000x1 complex double		2000x1 complex double
	1		**1**
1	3.4000e+03 + 0.0000e+00i	1993	3.3466e-12 + 7.4599e-13i
2	-5.3824e-13 - 2.7458e-12i	1994	-2.8256e-12 - 5.4314e-13i
3	-2.2712e-12 - 9.4131e-13i	1995	1.1084e-12 + 2.9796e-12i
4	-5.5321e-12 - 6.1237e-13i	1996	6.2280e-13 + 4.3274e-13i
5	-1.5198e-13 + 8.7435e-13i	1997	-1.5198e-13 - 8.7435e-13i
6	6.2280e-13 - 4.3274e-12i	1998	-5.5321e-12 + 6.1237e-13i
7	1.1084e-12 - 2.9796e-12i	1999	-2.2712e-12 + 9.4131e-13i
8	-2.8256e-12 + 5.4314e-13i	2000	-5.3824e-13 + 2.7458e-12i
9	3.3466e-12 - 7.4599e-13i	2001	
10	1.5316e-12 + 2.6156e-13i	2002	

图 11-2-2 FFT 运算结果

从图 11-2-2 中可以看出，FFT 运算结果为 2000 个离散的复数值，使用"abs"指令计算复数的模。

% 绘制 FFT 变换结果（图 11-2-3）

figure

plot(0:1:N-1,A)

xlabel('序号 0 ~ N-1')

ylabel('幅值')

grid on

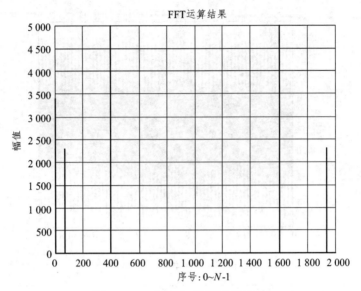

图 11-2-3 "FFT" 运算结果显示

从图 11-2-3 中可以看出，FFT 运算结果与实际信号的幅度和频率并不一样，需做进一步处理；从图中还可以发现，FFT 运算结果关于 $N/2$ 对称，所以只关注变换结果的一半即可，根据抽样定理可知，若最高频率为 f_H，抽样频率为 $f_s(f_s \gg 2f_H)$，能够看到的频谱范围是 $0 \sim f_s/2$。因此 $N/2$ 处为 $f_s/2$，频率分辨率为 f_s/N。

```
% FFT 运算结果修正（频率）（见图 11-2-4）
Y=Y(1:N/2+1);          %  只看变换结果的一半即可
A=abs(Y);              %  复数的幅值（模）
f=(0:1:N/2)*Fs/N;      %  生成频率范围
f=f';                  %  转置成列向量
figure
plot(f,A)
```

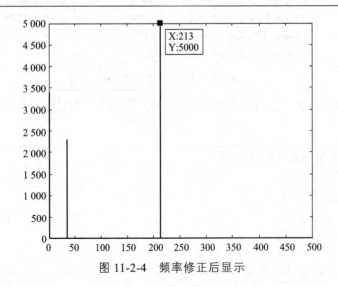

图 11-2-4 频率修正后显示

从图 11-2-4 中可以看出，频率修正后与实际信号的频率一致，但幅度与实际信号仍然不一致。幅度修正的计算方法如下。

$$修正后的幅值 = \begin{cases} \dfrac{2 \times Y \text{ 的幅值}}{N}, & \text{（当频率介于 } 0 \sim F_s/2 \text{ 时）} \\[2mm] \dfrac{Y \text{ 的幅值}}{N}, & \text{（当频率等于 } 0 \text{ 或 } F_s/2 \text{ 时）} \end{cases}$$

```
% 幅值修正
A_adj=zeros(N/2+1,1);
A_adj(1)=A(1)/N;                 % 频率为 0 的位置
A_adj(end)=A(end)/N;             % 频率为 Fs/2 的位置
A_adj(2:end-1)=2*A(2:end-1)/N;
% 绘制幅度谱（见图 11-2-5）
figure
plot(f,A_adj)
xlabel('频率（Hz）')
ylabel('幅值（修正后）')
title('FFT 变换幅值图')
grid on
```

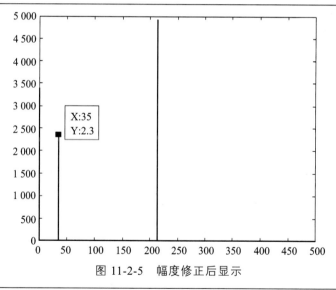

图 11-2-5　幅度修正后显示

```
% 绘制频谱相位图（见图 11-2-6）
phase_angle=angle(Y);        % angle 函数的返回结果为弧度
phase_angle=rad2deg(phase_angle);
figure
plot(f,phase_angle)
xlabel('频率（Hz）')
ylabel('相位角（degree）')
```

```
title('FFT 变换相位图')
grid on
```

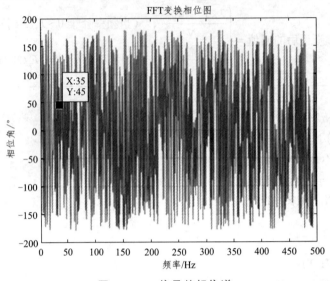

图 11-2-6   信号的相位谱

实训 3　香农公式的 MATLAB 仿真

【实训目的】

（1）掌握 MATLAB 相关指令使用方法。
（2）掌握香农公式中信道容量与带宽、信噪比的关系。

【仿真过程】

```
clear;clc;close all          % 初始化
snrdb=-15:30;                % 信噪比范围（用分贝表示）
SNR=10.^(snrdb/10);          % 信噪比与 snrdb 换算关系
B=20000;                     % 带宽为 B
C1=B*log2(1+SNR);            % 香农公式
plot(snrdb,C1)               % 绘制当带宽固定为 B 时信道容量与信噪比的关系图
                               （见图 11-3-1）

grid on
hold on
C2=(2*B)*log2(1+SNR);
plot(snrdb,C2)               % 绘制当带宽固定为 2B 时信道容量与信噪比的关系图
                               （见图 11-3-1）

grid on
hold on
C3=(4*B)*log2(1+SNR);
plot(snrdb,C3)               % 绘制当带宽固定为 4B 时信道容量与信噪比的关系图
                               （见图 11-3-1）

xlabel('信噪比(dB)')
ylabel('信道容量 C(bps)')
title('香农公式')
grid on
hold on
```

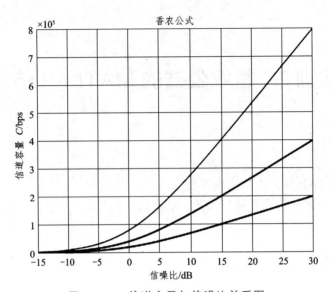

图 11-3-1　信道容量与信噪比关系图

实训4 幅度调制系统的 MATLAB 仿真

【实训目的】

（1）掌握使用"fft"指令计算信号频谱的方法。
（2）掌握幅度调制的基本原理。

【仿真过程】

```
clear;clc;close all              % 初始化
Fs=1000;                         % 采集频率
T=1/Fs;                          % 采集时间间隔
N=2000;                          % 采集信号的长度
fm=10;                           % 第一个余弦信号的频率
fc=200;                          % 第二个余弦信号的频率
t=(0:1:N-1)*T;                   % 定义整个采集时间点
t=t';                            % 转置成列向量
mt=cos(2*pi*fm*t);               % 调制信号
uct=cos(2*pi*fc*t);              % 载波信号
A=2;                             % 直流分量
y=(A+cos(2*pi*fm*t)).*cos(2*pi*fc*t);   % 已调信号
% 绘制已调信号的波形(见图 11-4-1)
```

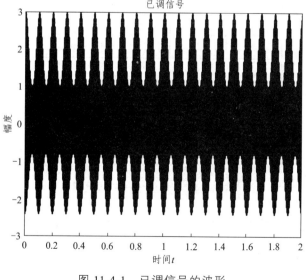

图 11-4-1 已调信号的波形

```
figure
plot(t,y)
xlabel('时间 t')
ylabel('幅度')
title('已调信号')
% fft 变换
Y=fft(y);                      % Y 为 FFT 变换的结果,为复数向量
Y=Y(1:N/2+1);                  % 只看变换结果的一半即可
A=abs(Y);                      % 复数的幅值（模）
f=(0:1:N/2)*Fs/N;              % 生成频率范围
f=f';                          % 转置成列向量
% 幅值修正
A_adj=zeros(N/2+1,1);
A_adj(1)=A(1)/N;               % 频率为 0 的位置
A_adj(end)=A(end)/N;           % 频率为 Fs/2 的位置
A_adj(2:end-1)=2*A(2:end-1)/N;
% 绘制已调信号幅度谱（见图 11-4-2）
```

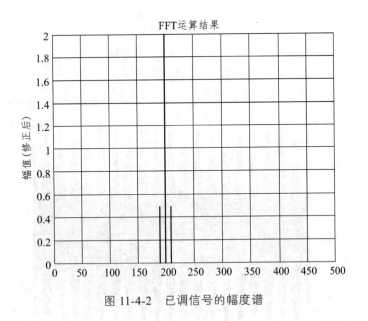

图 11-4-2　已调信号的幅度谱

```
figure
plot(f,A_adj)
xlabel('频率（Hz)')
```

```
ylabel('幅值  (修正后)')
title('FFT 变换幅值图')

grid on
% 绘制已调信号相位谱(见图 11-4-3)

figure
phase_angle=angle(Y);              % angle 函数的返回结果为弧度

phase_angle=rad2deg(phase_angle);

plot(f,phase_angle)
xlabel('频率  (Hz)')
ylabel('相位角  (degree)')
title('FFT 变换相位图')

grid on
```

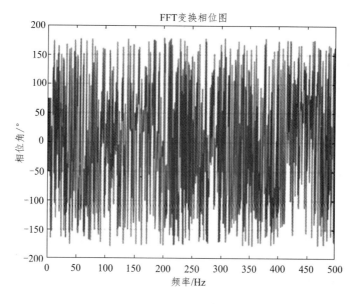

图 11-4-3　已调信号的相位谱

实训 5　PCM 调制系统的 MATLAB 仿真

【实训目的】

（1）掌握 13 折线法编码的原理。
（2）掌握 MATLAB 的编程思想。

【编程思想】

以连续时间信号 $x(t) = 2.5 + 3\sin(400\pi t) + 2\cos(140\pi t)$ 为例。

模拟信号抽样后得到时间离散、幅度连续的抽样信号，对抽样信号非均匀量化编码编出的 8 位码组用 $C_1C_2C_3C_4C_5C_6C_7C_8$ 表示。抽样周期 T_s 设为 0.001 5；采集一个周期，n=0:1:1/T_s，则有 667 个抽样值。

（1）抽样信号是 $1 \times n$ 的矩阵，13 折线法编码后得到的则是 667×8 的矩阵，一行对应一个抽样值的 8 位 PCM 码组。每个抽样值的编码思想都是一样的，若要进行多个抽样值的编码，进行 for 循环即可。下面阐述单个抽样值的编码思路。

（2）确定极性码 C_1：利用 matlab 的符号函数 sign(x)：x<0 时，sign(x)= − 1；x=0 时，sign(x)=0；x>0 时，sign(x)=1。所以，若 sign(x)≥0，C_1=1；否则 C_1=0。

（3）确定段落码 $C_2C_3C_4$：PCM13 折线编码的动态范围为 − 2048 ~ 2048 ，而上一步骤中已经求出了各抽样信号极性，于是只要对抽样信号的绝对值分析即可。故对抽样值依次进行取模、归一、乘以 2048、取整的操作，可以将抽样值转化为 0 ~ 2048 的整数。根据段落码与段落范围的关系，使用 if 语句即可确定 $C_2C_3C_4$。

例如：对于 + 1 000，因为 1 000≥128，故 C_2=1；又 1 000≥512，故 C_3=1；又 1 000≤1 024，故 C_4=0。对于其他取值情况，判断方法与此类似。

（4）确定段内码 $C_5C_6C_7C_8$：每一段落均被均匀地划分为 16 个量化间隔，不过不同段落的量化间隔是不同的。设置两个 1×8 的矩阵，sp=[0,16,32,64,128,256,512,1024] 和 spmin=[1,1,2,4,8,16,32,64]用于存放每段的起始电平和最小量化间隔。（3）中确定了段落编码，可以确定每段的起始值，再根据待编码值、所在段的起始值、所在段量化间隔的大小即可确定段内码。

【程序源代码】

```
%pcm 对抽样信号进行量化编码
Ts=0.0015;
```

```
n=0:1:1/Ts;
xn=2.5+3.*sin(200*2*pi*n*Ts)+2.*cos(70*2*pi*n*Ts);
%采样产生的抽样信号
figure(1)
subplot(2,1,1)
stem(n,xn)                        %如图 11-5-1 所示
title('抽样得到的序列')
z=sign(xn);                       %判断 S 的正负
xnnor=abs(xn)/max(abs(xn));       %xn 取模并且归一化
S=2048*xnnor;
S=floor(S);                       %向负无穷方向取整
subplot(2,1,2)
stem(n,S)                         %如图 11-5-1 所示
axis([0,700,-2200,2200])
title（'取模、归一、乘 2048、取整后的序列'）
code=zeros(length(S),8);               %初始化码组矩阵为全零矩阵
%极性码第一位和段落码第二三四位
    for i=1:length(S)
        if z(i)>0                      %符号位的判断
            code(i,1)=1;
        elseif z(i)<0
            code(i,1)=0;
        end
        if (S(i)>=128)&&(S(i)<=2048)       %段落码判断程序
            code(i,2)=1;      %在第五段与第八段之间，段位码第一位都为"1"
        end
        if (S(i)>=32)&&(S(i)<128)||(S(i)>=512)&&(S(i)<=2048)
            code(i,3)=1;                   %在第三四七八段内，段位码第二位为"1"
        end
                                                                                if
(S(i)>=16)&&(S(i)<32)||(S(i)>=64)&&(S(i)<128)||(S(i)>=256)&&(S(i)<512)||(S(i)>=1024)
&&(S(i)<=2048)
            code(i,4)=1;                   %在二四六八段内，段位码第三位为"1"
        end
    end
%段内码，第五六七八位
```

```
        N=zeros(1,length(S));
    for i=1:length(S)
        N(i)=bin2dec(num2str(code(i,(2:4))))+1;        %找到 code 位于第几段
    end
sp=[0,16,32,64,128,256,512,1024];                      %每段起始值
spmin=[1,1,2,4,8,16,32,64];                            %每段的最小量化间隔
    for i=1:length(S)
            loc=floor((S(i)-sp(N(i)))/spmin(N(i)));    %向负无穷方向取整，段内第几段
        if (loc==16)
            loc=loc-1;
        end                                            %正负 2048 时,loc=16,当作 15 处理
        for k=1:4
            code(i,9-k)=mod(loc,2);
            loc=floor(loc/2);
        end                                            %十进制数转化为 4 位二进制
    end
fprintf('抽样信号进行 13 折线编码后的码组为（每一行代表一个抽样值，共 %d 个值）
',length(S))
        code    %code 为 13 折线译码后的码组，是 length(S)*8 的矩阵，如图 11-5-2 所示
```

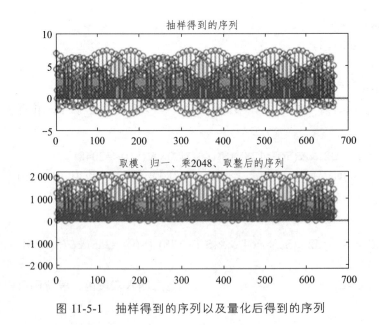

图 11-5-1　抽样得到的序列以及量化后得到的序列

code =

1	1	1	1	0	0	1	1
1	1	1	1	1	1	1	0
1	1	0	1	0	1	0	1
0	0	0	1	0	0	0	0
1	1	1	0	1	1	1	1
1	1	0	0	0	0	1	0
0	1	0	1	1	1	0	1
1	1	1	1	0	0	0	1
1	1	1	1	0	1	1	1
1	1	0	1	1	0	1	0
1	1	1	1	0	0	1	1
1	1	1	1	1	1	0	0
1	1	0	0	0	1	0	1
0	1	0	0	0	1	0	0
1	1	1	0	1	1	0	1
1	1	0	0	1	0	0	1
0	1	0	1	0	1	0	0
1	1	1	1	0	1	0	0
1	1	1	1	1	0	0	1
1	1	0	1	1	1	0	0

图 11-5-2　运行后前 20 个样值编码结果

实训6 数字基带传输系统的MATLAB仿真

【实训目的】

（1）掌握基带传输系统的基本结构。

（2）掌握基带数字传输系统的仿真方法。

（3）掌握 MATLAB 指令的使用。

（4）掌握带限信道的仿真以及性能分析。

（5）掌握通过观测眼图和星座图判断信号传输质量的方法。

【基本原理】

数字基带传输系统如下图 11-6-1 所示，包括信源、发送滤波器、信道、接收滤波器、抽样判决等模块。

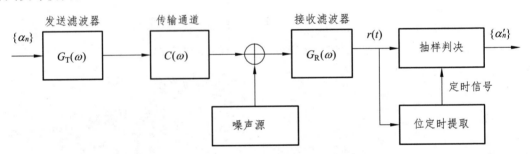

图 11-6-1 数字基带传输系统框图

1. 各模块功能简介

信道：允许基带信号通过的媒质，通常会引起传输波形的失真并且引入噪声，实验中假设噪声为均值为零的高斯白噪声。

发送滤波器：用于产生适合信道传输的基带信号波形，若采用匹配滤波器，则它与接收滤波器共同决定传输系统的特性。

接收滤波器：用来接收信号，尽可能滤除信道噪声和其他干扰，使输出波形有利于抽样判决。若采用非匹配滤波器，则接收滤波器为直通，不影响系统特性。

抽样判决器：在传输特性不理想及噪声背景下，在规定时刻对接收滤波器的输出波形进行抽样判决以恢复或再生基带信号。

位定时提取：从接收信号中提取位定时信号，其准确与否直接影响判决结果。

2. 信号传输物理过程的连续域分析

假设输入符号序列为 $\{a_k\}$，在二进制的情况下，符号 a_k 的取值为 0、1 或-1、+1。为方便分析，我们把这个序列对应的**基带信号**表示为

$$d(t) = \sum_{k=0}^{L-1} a_k \delta(t - kT_s)$$

这个信号是由时间间隔为 T_s 的单位冲激响应 $\delta(t)$ 构成的序列，其每一个 $\delta(t)$ 强度则由 a_k 决定。

设发送滤波器的传输特性 $G_T(\omega)$，则

$$g_T(t) = \frac{1}{2\pi} \int_{-\infty}^{\infty} G_T(\omega) e^{i\omega t} d\omega$$

当 $d(t)$ 激励发送滤波器时，发送滤波器产生的输出信号为

$$
\begin{aligned}
x(t) &= d(t) * g_T(t) \\
&= \sum_{k=0}^{L-1} a_k \delta(t - kT_b) * g_T(t) \\
&= \sum_{k=0}^{L-1} a_k g_T(t - kT_s)
\end{aligned}
$$

信道输出信号 $y(t) = x(t) + n(t)$ （理想信道，传输特性为 1）

接收滤波器的输出信号 $r(t)$

$$
\begin{aligned}
r(t) &= y(t) * g_R(t) \\
&= d(t) * g_T(t) * g_R(t) + n(t) * g_R(t) \\
&= \sum_{k=0}^{L-1} a_k g(t - kT_b) + n_R(t)
\end{aligned}
$$

其中 $g(t) = \frac{1}{2\pi} \int_{-\infty}^{\infty} G_T(\omega) C(\omega) G_R(\omega) e^{j\omega t} d\omega$

如果位同步理想，则抽样时刻为 $k \cdot T_b$，抽样点数值为 $r(kT_s)$，判决为 $\{a_k'\}$，$\{a_k'\}$ 与 $\{a_k\}$ 比较即可得到误码率，分析传输质量。

3. 信号传输物理过程的离散域分析

在每个码元周期抽取 A 个样值，即 $T_s = AT_0$，则

$$d(nT_0) = \sum_{k=0}^{L-1} a_k \delta(nT_0 - kAT_0)$$

发送滤波器的传输特性为 $G_T(m\Delta f)$ 或 $g_T(nT_0)$，输出序列为

$$
\begin{aligned}
x(nT_0) &= d(nT_0) * g_T(nT_0) \\
&= \sum_{k=0}^{L-1} a_k \delta(nT_0 - kAT_0) * g_T(nT_0) \\
&= \sum_{k=0}^{L-1} a_k g_T(nT_0 - kAT_0)
\end{aligned}
$$

信道输出信号或接收滤波器输入信号

$$y(nT_0) = x(nT_0) + n(nT_0)$$

接收滤波器的传输特性为 $G_R(m\Delta f)$ 或 $g_R(nT_0)$，输出序列为

$$
\begin{aligned}
r(nT_0) &= y(nT_0) * g_R(nT_0) \\
&= d(nT_0) * g_T(nT_0) * g_R(nT_0) + n(nT_0) * g_R(nT_0) \\
&= \sum_{k=0}^{L-1} a_k g(nT_0 - kAT_0) + n_R(nT_0)
\end{aligned}
$$

如果位同步理想，则抽样时刻为 $k \cdot AT$，抽样点数值 $r(k \cdot AT_0)$，判决为 $\{a_l'\}$，$\{a_k'\}$ 与 $\{a_k\}$ 比较即可得到误码率，分析传输质量。

4. 基带系统传输特性设计

可以采用两种方式，一种是将系统设计成最佳的无码间干扰的系统，即采用匹配滤波器，发送滤波器和接收滤波器对称的系统，发送滤波器和接收滤波器都是升余弦平方根特性（频谱共轭）；另一种是不采用匹配滤波器方式，升余弦滚降基带特性完全由发送滤波器实现，接收滤波器为直通。

5. 升余弦滚降滤波器

余弦滚降滤波器的传递函数 $H(\omega)$ 为

$$
H(\omega) = \begin{cases}
T_S & 0 \leqslant |\omega| < \dfrac{(1-\alpha)\pi}{T_S} \\
\dfrac{T_S}{2}\left[1 + \sin\dfrac{T_S}{2\alpha}\left(\dfrac{\pi}{T_S} - \omega\right)\right] & \dfrac{(1-\alpha)\pi}{T_S} \leqslant |\omega| < \dfrac{(1+\alpha)\pi}{T_S} \\
0 & |\omega| \geqslant \dfrac{(1+\alpha)\pi}{T_S}
\end{cases}
$$

系统的冲激响应 $h(t)$ 为

$$h(t) = \frac{\sin \pi t / T_S}{\pi t / T_S} \cdot \frac{\cos \alpha \pi t / T_S}{1 - 4\alpha^2 t^2 / T_S^2}$$

此信号满足

$$h(nT_S) = \begin{cases} 1 & n = 0 \\ 0 & n \neq 0 \end{cases}$$

在理想信道中，$C(\omega)=1$，上述信号波形在抽样时刻上没有码间干扰，如果传输码元速率满足 $\dfrac{R_{S\max}}{n} = \dfrac{1}{nT_S}$，则通过此基带系统后无码间干扰。

6. 由模拟滤波器设计数字滤波器的时域冲激响应

升余弦滤波器（或平方根升余弦滤波器）的最大带宽为 $1/T_S$，故其时域抽样速率至少为 $2/T_S$，取 $F_0 = 1/T_0 = 4/T_S$，其中 $T0$ 为时域抽样间隔，归一化为 1。抽样后，系统的频率特性是以 F_0 为周期的，折叠频率为 $F_{02} = 2T_S$。故在一个周期内以间隔 $\Delta f = F_0/N$ 抽样，N 为抽样个数。设滤波器的频率特性 $H(m\Delta f)$，相应的离散系统的冲激响应 $h(nT_0)$ 为

$$
\begin{aligned}
h(nT_0) &= h(t)\,|_{t=nT_0} \\
&= (IFT[H(f)])\,|_{t=nT_0} \\
&= (\int H(f)\mathrm{e}^{\mathrm{j}2\pi ft}\,df)\,|_{t=nT_0} \\
&= \sum_{m=-(N-1)/2}^{(N-1)/2} H(m\Delta f)\cdot \mathrm{e}^{\mathrm{j}2\pi m\Delta fnT_0}\cdot \Delta f \\
&= \frac{F_0}{N}\sum_{m=-(N-1)/2}^{(N-1)/2} H(m\Delta f)\cdot \mathrm{e}^{\mathrm{j}2\pi m\frac{F_0}{N}nT_0} \\
&= \frac{1}{N}\sum_{m=-(N-1)/2}^{(N-1)/2} H(m\Delta f)\cdot \mathrm{e}^{\mathrm{j}\frac{2\pi}{N}mn}
\end{aligned}
$$

其中：$n = 0, \pm 1, \cdots, \pm\dfrac{N-1}{2}$，$m = 0, \pm 1, \cdots, \pm\dfrac{N-1}{2}$

将上述信号移位，可得具有线性相位的因果系统的冲激响应。

【编程思想】

编程尽量采用模块化结构或子函数形式，合理设计各子函数的输入和输出参数。系统模块或子函数可参考如下：

（1）信源模块。
（2）匹配滤波器的基带系统模块。
（3）非匹配滤波器的基带系统模块。
（4）加性白噪声信道模块。
（5）抽样判决模块。
（6）误码率模块。
（7）画眼图模块。
（8）画星座图模块。

其中，信源模块生成一个 **0、1** 等概率分布的二进制信源序列（伪随机序列）。可用 **MATLAB** 中的 **rand** 函数生成一组 0~1 之间均匀分布的随机序列，如产生的随机数在（**0,0.5**）区间内，则为-1；如果在（**0.5,1**）区间内，则为 **1**。

加性白噪声信道模块通过产生一定方差的高斯分布的随机数，作为噪声序列，叠加到发送滤波器的输出信号上引入噪声。注意噪声功率（方差）与信噪比的关系。信道高斯噪声的方差为 σ^2，单边功率谱密度 $2N_0 = 2\sigma$，如计算出的平均比特能量为 Eb，则信噪比为 $SNR = 10\lg(E_b/N_0)$。

【程序清单】

1. 信源模块

```
function [x,y]=source(L,A)    %产生源序列，生成 0、1 等概率分布的二进制信源序列
A=4;                          %每个间隔抽取 4 个点
a=rand(1,L);                  %产生 0-1 之间均匀分布的随机序列
for i=1:L
if (a(i)>0.5)                 %若产生的随机数在（0.5,1）区间内，则为 1
    a(i)=1;
    else
    a(i)=-1;                  %若产生的随机数在（0,0.5）区间内，则为-1
    end
end
d=zeros(1,length(a)*A);       %产生零序列
for i=1:length(a)
    d(1+A*(i-1))=a(i);        %每两点之间插入三个零点，即模拟每周期取四个取样点
x=a;
y=d;
end
```

2. 匹配滤波器的基带系统模块

```
function [ht,Hrf,n,f]=matched_filter(Ts,F0,N,alpha)
%由频域到时域
n=[-(N-1)/2:(N-1)/2];    %时域取值范围为-15--15
f1=(1-alpha)/(2*Ts);
f2=(1+alpha)/(2*Ts);
k=n;
f=n*F0/N;       %频域
Hf=zeros(1,N);    %升余弦滚降滤波器
for i=1:31       %升余弦滚降滤波器频域特性
    if (abs(f(i))<=f1)
        Hf(i)=Ts;
    elseif(abs(f(i))<=f2)
        Hf(i)=Ts/2*(1+cos(pi*Ts/alpha*(abs(f(i))-(1-alpha)/(2*Ts))));
    else Hf(i)=0;
    end
end
Hrf=sqrt(Hf); %根升余弦滚降滤波器
```

```
    ht=1/N*Hrf*exp(j*2*pi/N*k'*n);        %根升余弦滚降滤波器时域特性
    end
```

3. 非匹配滤波器的基带系统模块

```
function [ht1,Hf,n,f]=unmatched_filter(Ts,T0,N,alpha)
%由频域到时域。
F0=1/T0;
n=[-(N-1)/2:(N-1)/2];
f1=(1-alpha)/(2*Ts);
f2=(1+alpha)/(2*Ts);
k=n;
f=n*F0/N;
Hf=zeros(1,N);                        %升余弦滚降滤波器
for i=1:31                            %升余弦滚降滤波器频域特性
    if (abs(f(i))<=f1)
        Hf(i)=Ts;
    elseif(abs(f(i))<=f2)
        Hf(i)= Ts/2*(1+cos(pi*Ts/alpha*(abs(f(i))-(1-alpha)/(2*Ts))));
    else Hf(i)=0;
    end
end
ht1=1/N*Hf*exp(j*2*pi/N*k'*n);        %升余弦滚降滤波器时域特性
end
```

4. 加性白噪声信道模块

```
function n0=guass(SNR,y,L,A)       %生成高斯白噪声
Eb=0;                              %初始能量赋值
for i=1:length(y)                  %计算能量总和
    Eb=Eb+abs(y(i))*abs(y(i));
end
Eb=Eb/L;                          %计算平均比特能量
N0=Eb/(10^(SNR/10));              %计算单边功率谱密度
sgma=sqrt(N0/2);                  %标准差
n0=0+sgma*randn(1,L*A);          %得到均值为 0，方差为 N0 的高斯噪声
end
```

5. 抽样判决模块

```
function[sample,sample1]=samples(L,A,r)
sample=zeros(1,L);                %判决后输出序列
```

```
        sample1=zeros(1,L);                %直接抽样序列
        m=1:L;
        for i=1:L
            sample1(i)=real(r(1+(i-1)*A));   %取出 n*Tb+1 位置上的 L 个值
        end
        for i=1:L
          if sample1(i)>0                 %若抽样值为正，判为 1
              sample(i)=1;
          else sample(i)=-1;              %若抽样值为负，判为-1
          end
        end
        end
```

6. 误码率模块

```
        function j=BER(a,b,L)
        j=0;
        for i=1:L
            if a(i)~=b(i)                 %与发送序列进行比较
                j=j+1;
            end
        end
```

7. 主函数 采用匹配滤波器

```
        clear;clc;close all
        L=input('传送比特个数 L=');        %使输入值可变
        Rb=input('比特速率=');
        A=4;
        Ts=1/Rb;
        T0=Ts/A;
        F0=1/T0;
        N=31;
        SNR=input('信噪比 SNR=');
        alpha=input('滚降系数 alpha=');
        %信源模块
        [a,d]=source(L,A)
        m1=1:L;
        figure(1);
        subplot(2,1,1);
        stem(m1,a);                       %输入序列
```

```
m2=1:L*A;
subplot(2,1,2);
stem(m2,d);                          %输出序列
%发送滤波器
[ht,Hrf,n,f]=matched_filter(Ts,F0,N,alpha)
figure(2);
subplot(2,1,1);
stem(f,Hrf);                         %频域画图
title('匹配滤波器频域');
subplot(2,1,2)
stem(n,ht);                          %时域画图
title('匹配滤波器时域');
y=conv(d,ht);                        %发送滤波器输出
y=y(1+floor(N/2):L*F0/Rb+floor(N/2));
figure(3)                            %观察发送滤波器输出波形
t=1:L*A;
subplot(3,2,1)
plot(t,real(y));
title('匹配发送滤波器输出')
%高斯噪声
n0=guass(SNR,y,L,A);
subplot(3,2,2)
plot(t,n0);
title('噪声图像')
y1=y+n0;                             %加入噪声后信号
subplot(3,2,3)
plot(t,real(y1));
title('加入噪声后信号')
%接收滤波器
r=conv(y1,ht);                       %观察接收滤波器输出
r=r(1+ (N-1)/2:L*F0/Rb+(N-1)/2);
subplot(3,2,4)
plot(t,real(r));
title('接收滤波器输出')
%抽样判决
[sample,sample1]=samples(L,A,r)
m=1:L;
subplot(3,2,5);
```

```
stem(m,sample1);
title('抽样序列')
subplot(3,2,6);
stem(m,sample);
title('判决结果')
%眼图
eyediagram(r,A,1);
title('眼图');
grid on;
%星座图
scatterplot(r,A,0,'r*');
title('星座图');
grid on;
%计算误码率模块
j=BER(a,sample,L)
sprintf('误码率：%2.2f%%',j/L*100)
```

8. 主函数，采用非匹配滤波器

```
clear;clc;close all
L=input('传送比特个数=');              %使输入值可变
Rb=input('比特速率 Rb=');             %Rb 为码元速率
A=4;
Ts=1/Rb;
T0=Ts/A;
F0=1/T0;
N=31;
SNR=input('信噪比 SNR=');
alpha=input('滚降系数 alpha=');
%信源模块
[a,d]=source(L,A)                     %产生源序列，每一个 T 内插入 3 个 0。
m1=1:L;
figure(1);
subplot(2,1,1);
stem(m1,a);                           %输入序列
m2=1:L*A;
subplot(2,1,2);
stem(m2,d);                           %输出序列
%发送滤波器
[ht1,Hf,n,f]=unmatched_filter(Ts,F0,N,alpha)
```

```
figure(2);
subplot(2,1,1)
stem(f,Hf);                          %频域画图
title('非匹配滤波器频域');
subplot(2,1,2)
stem(n,ht1); %时域画图
title('非匹配滤波器时域');
y=conv(d,ht1);                       %发送滤波器输出波形
y=y(1+floor(N/2):L*F0/Rb+floor(N/2));
figure(3)                            %观察发送滤波器输出波形
t=1:L*A;
subplot(3,2,1)
plot(t,real(y));
title('非匹配下发送滤波器输出')
%高斯噪声
n0=guass(SNR,y,L,A);
subplot(3,2,2)
plot(t,n0);
title('噪声图像')
y1=y+n0; %加入噪声后信号
subplot(3,2,3)
plot(t,real(y1));
title('加入噪声后信号')
%接收滤波器
M=32;
ht2=zeros(1,M);
ht2(M/2+1)=1;                        %直通
r=conv(y,ht2);                       %观察接收滤波器输出
r=r(1+((N-1)/2):L*F0/Rb+ (N-1)/2);
subplot(3,2,4)
plot(t,real(r));
title('接收滤波器输出')
%抽样判决
[sample,sample1]=samples(L,A,r)
m=1:L;
subplot(3,2,5)
stem(m,sample1);
title('抽样序列')
```

```
subplot(3,2,6)
stem(m,sample);
title('判决结果')
%眼图
eyediagram(r,A,1);
title('眼图');
grid on;
%星座图
scatterplot(r,A,0,'r*');
title('星座图');
grid on;
%计算误码率
j=BER(a,sample,L);
sprintf('误码率:%2.2f%%',j/L*100)
```

9. 用窗函数法设计的采用非匹配滤波器形式的升余弦滚降基带系统

```
N=31;
a=input('a=');
Ts=4;
F0=1;
n=-(N-1)/2:(N-1)/2;
T0=1/F0;
hn=(eps+sin(pi*n/Ts))./(eps+(pi*n/Ts)).*cos(a*pi*n/Ts)./(eps+(1-4*a^2*n.*n/Ts^2)); %升
余弦滚降滤波器的单位冲击响应表达式
stem(n,hn,'.');
xlabel('n');
ylabel('hn');
title('非匹配发送滤波器的单位冲击响应')
figure
Hw=fft(hn,512);%进行 fft 变换，得到其频域特性
plot(abs(Hw));
xlabel('w（单位 rad）');
ylabel('Hw');
title('非匹配发送滤波器的幅频特性')
figure
Hwdb=20*log10(abs(Hw));
plot(Hwdb)
xlabel('w（单位 rad）');
ylabel('HWdb（单位 db）');
title('非匹配发送滤波器的幅频特性(db 表示)')
```

【实训内容】

　　根据基带系统模型，编写程序，假设加性噪声不存在，采用匹配滤波器法设计二进制数字基带传输系统。要求待传输的二进制比特个数、比特速率 R_b（可用与 T_S 的关系表示）、信噪比 SNR、滚降系数 α 是可变的。假设 $L=16$，$R_b=0.25$，$SNR=100$dB，$\alpha=0.5$，运行结果如图 11-6-2 ~ 图 11-6-6 所示，误码率为 0.00%。

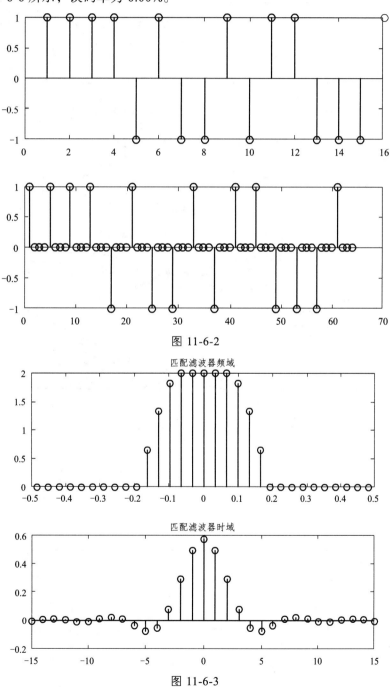

图 11-6-2

图 11-6-3

通信原理

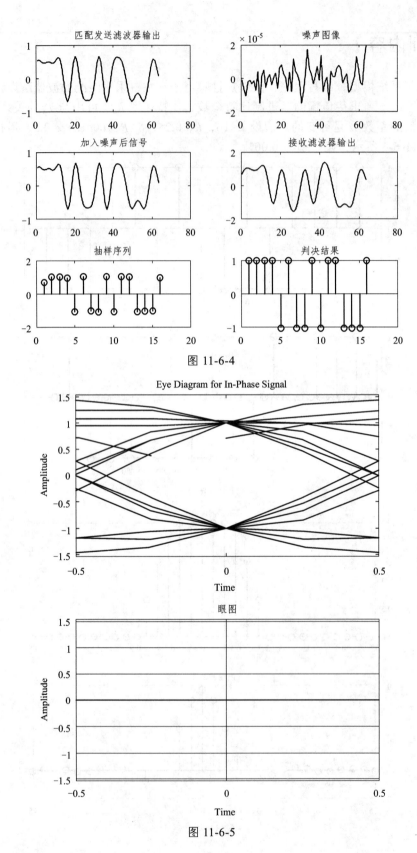

图 11-6-4

图 11-6-5

- 222 -

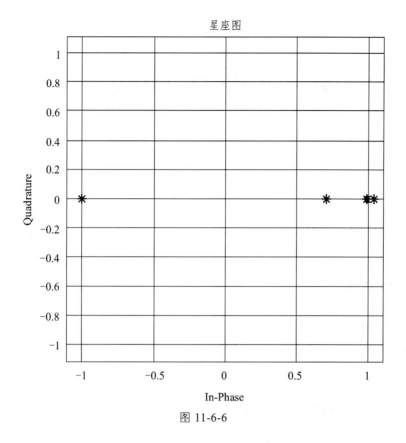

图 11-6-6

【拓展练习】

若发送滤波器长度为 $N=31$，时域抽样频率 $F_0=\dfrac{4}{T_s}$，滚降系数分别取为 0.1、0.5、1，计算并画出此发送滤波器的时域波形和频率特性，以此发送滤波器构成最佳基带系统，计算并画出接收滤波器的输出信号波形和整个基带系统的频率特性。

实训 7　数字频带传输系统的 MATLAB 仿真

【实训目的】

（1）掌握频带传输系统的基本结构。
（2）掌握频带数字传输系统的仿真方法。
（3）掌握 MATLAB 基本指令的使用。

【基本原理】

在信道中，大多数具有带通传输特性，必须用数字基带信号对载波进行调制，产生各种已调数字信号。实际中，可以用数字基带信号改变正弦型载波的幅度、频率或相位中的某一个参数，产生相应的 2ASK、2FSK、2PSK 信号，也可以用数字基带信号同时改变正弦型载波的幅度、频率或相位中的某几个参数，产生新型的数字调制信号。本实验以 2FSK 数字调制系统为例，讲述数字频带传输系统的原理及仿真方法。

【程序代码及运行结果】

```
clear;clc;close all
fc=5;                    %载波频率
%基带信号生成模块
L=10;                    %基带信号码元数
Rs=2;                    %码元速率
Fs=100;                  %采样频率
T=1/Fs;                  %采样周期
t=0:T:L/Rs;              %在 L 个码元之间产生点行矢量，即定义域取值
a=round(rand(1,L)); %rand 函数产生 L 个 0~1 的随机数，round 函数四舍五入为 0 或 1
st1=t;
for i=1:L
    if a(i)<1
        for m=Fs/Rs*(i-1)+1:Fs/Rs*i
            st1(m)=0;
        end
```

```
    else
        for m=Fs/Rs*(i-1)+1:Fs/Rs*i
            st1(m)=-1;
        end
    end
end
%绘制基带信号
figure(1);
subplot(5,1,1);
plot(t,st1);
title('基带信号 st1');
axis([0,5,-1,2]);
%绘制载波信号
st2=sin(2*pi*fc*t);
subplot(5,1,2);
plot(t,st2);
title('载波信号 st2');
%绘制已调信号
st3=st1.*st2;
subplot(5,1,3);
plot(t,st3);
title('调制后波形 st3');
%加噪
noise=rand(1,j);
st4=st3+noise;        %加入噪声
subplot(5,1,4);
plot(t,st4);
title('加噪后波形 st4');
%相干解调
st5=st4.*st2;%与载波相乘
subplot(5,1,5);
plot(t,st5);
title('与载波 s1 相乘后波形(相干解调)');
```

程序运行结果如图 11-7-1 和图 11-7-2 所示。

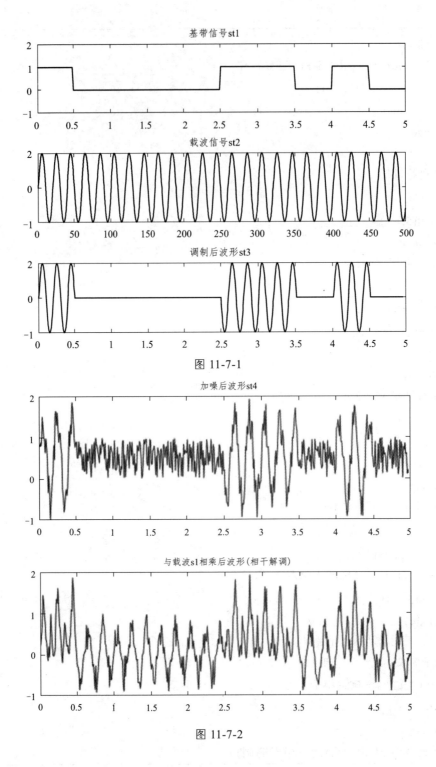

图 11-7-1

图 11-7-2

【拓展练习】

编写低通滤波器和抽样判决模块的程序代码。

参考文献

[1] 樊昌信，曹丽娜. 通信原理[M]. 北京：国防工业出版社，2011.

[2] 周炯槃. 通信原理[M]. 北京：北京邮电大学出版社，2008.

[3] 曹志刚，钱亚生. 现代通信原理[M]. 北京：清华大学出版社，2004.

[4] 冯玉珉，郭宇春. 通信系统原理[M]. 北京：清华大学出版社 北京交通大学出版社，2012.

[5] 李斯伟. 数字通信系统原理[M]. 北京：人民邮电出版社，2012.

[6] 黄小虎. 现代通信原理[M]. 北京：北京理工大学出版社，2012.

[7] 徐文燕. 通信原理[M]. 北京：北京邮电大学出版社，2009.

[8] 沈瑞琴. 通信原理[M]. 北京：中国铁道出版社，2011.

[9] 朱志良. 通信概论[M]. 北京：高等教育出版社，2008.

[10] 张玉平. 通信原理与技术[M]. 北京：化学工业出版社，2013.

[11] 强世锦，荣健. 数字通信原理[M]. 北京：清华大学出版社，2012.

[12] 徐明远，邵玉斌. MATLAB 仿真在通信与电子工程中的应用[M]. 2 版. 北京：西安电子科技大学出版社，2010.

[13] 孙青华. 现代通信技术[M]. 北京：人民邮电出版社，2009.

[14] AlanV Oppenh. 信号与系统[M]. 2 版. 刘树棠，译. 西安：西安交通大学出版社，2011.

[15] 赵新颖. 信号处理技术[M]. 郑州：河南科学技术出版社，2009.

[16] 陶亚雄. 现代通信原理[M]. 北京：电子工业出版社，2003.

[17] 王兴亮. 通信系统原理教程[M]. 西安：西安电子科技大学出版社，2007.

[18] 黄载禄，等. 通信原理[M]. 北京：科学出版社，2005.

[19] 王福昌. 通信原理学习指导与题解[M]. 北京：清华大学出版社，2002.

[20] 孙学军. 通信原理[M]. 北京：电子工业出版社，2001.

[21] 杨心强. 数据通信与计算机网络[M]. 北京：电子工业出版社，1998.

[22] 强世锦，荣健. 数字通信原理[M]. 北京：清华大学出版社，2012.